视觉无障

游戏化交互设计指南

The Ultimate Guide to Visually Accessible Gamified Interation Design

黄露莎 著

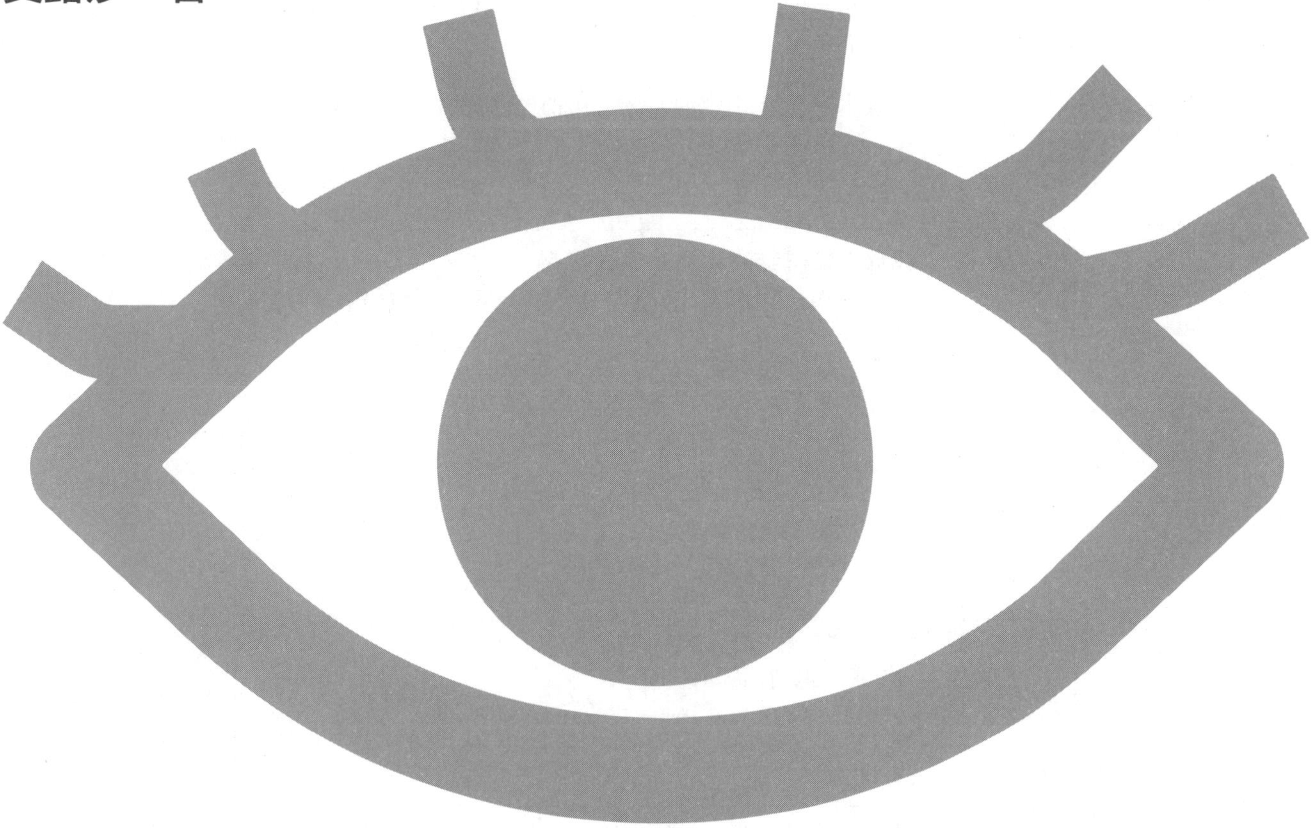

·北京·

内 容 提 要

本书提供大量无障碍设计与开发准则，包括应用程式、口述影像等，详尽地阐述最适合视障人士的设计方法，结合对视障人士的深度访谈和大量实地考察，力求全面展示视障人士的生活多方面需求。本书以开发的一个实际App为例，在书中详细地介绍了整个开发迭代过程。本书还展示了游戏化（一种将游戏机制应用到非游戏内容中的手段）如何结合手机端应用，以提升视觉障碍者的旅游体验。

本书适合所有对信息无障碍感兴趣的读者。

图书在版编目（CIP）数据

视觉无障碍游戏化交互设计指南 / 黄露莎著. -- 北京 : 中国水利水电出版社, 2020.12(2022.6 重印)
ISBN 978-7-5170-9273-5

Ⅰ. ①视… Ⅱ. ①黄… Ⅲ. ①视觉障碍－移动终端－应用程序－程序设计－视觉设计－指南 Ⅳ. ①TN929.53-62

中国版本图书馆CIP数据核字(2020)第253657号

书　　名	**视觉无障碍游戏化交互设计指南** SHIJUE WUZHANG'AI YOUXIHUA JIAOHU SHEJI ZHINAN
作　　者	黄露莎　著
出版发行	中国水利水电出版社 （北京市海淀区玉渊潭南路1号D座　100038） 网址：www.waterpub.com.cn E-mail：sales@mwr.gov.cn 电话：（010）68545888（营销中心）
经　　售	北京科水图书销售有限公司 电话：（010）68545874、63202643 全国各地新华书店和相关出版物销售网点
排　　版	中国水利水电出版社微机排版中心
印　　刷	天津嘉恒印务有限公司
规　　格	210mm×285mm　16开本　12.5印张　205千字　4插页
版　　次	2020年12月第1版　2022年6月第2次印刷
定　　价	58.00元

心光盲人院暨学校

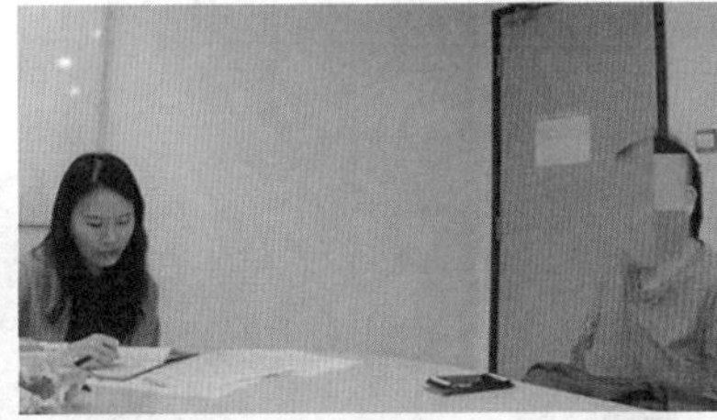

研究 1——访谈观察和直接故事叙事法

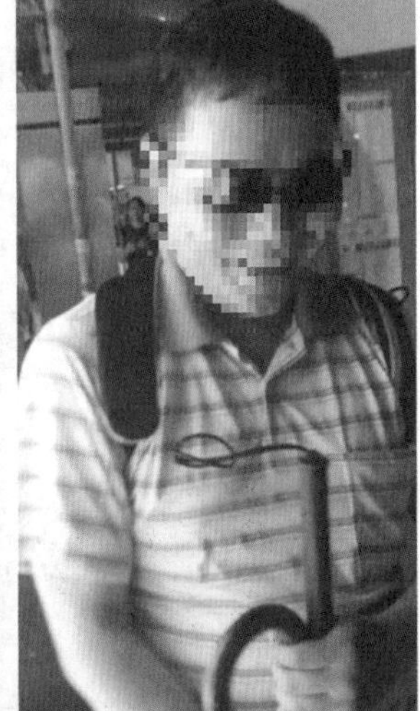

研究 2——访谈观察和直接故事叙事法

香港失明人協進會
Hong Kong Blind Union

参与式设计

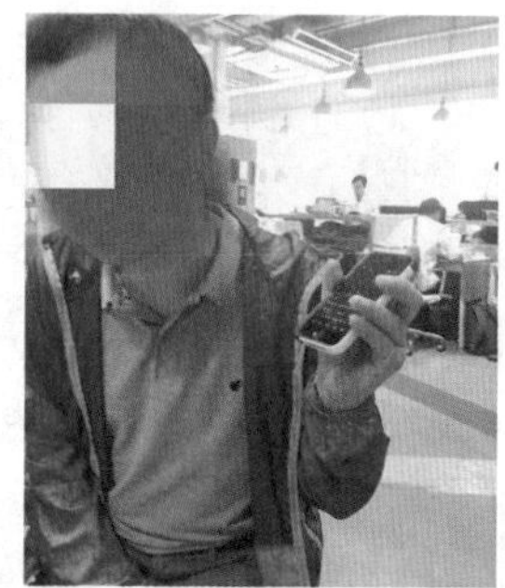

蛻變
FACTORY FOR THE BLIND 盲人工廠
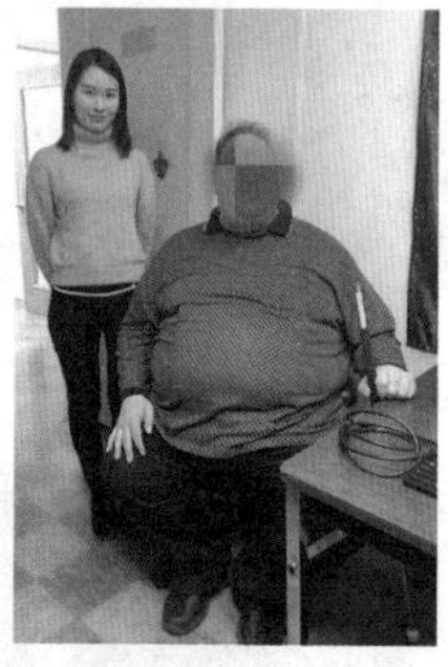

HKS
Helen Keller
SERVICES

专家访谈

早期应用界面

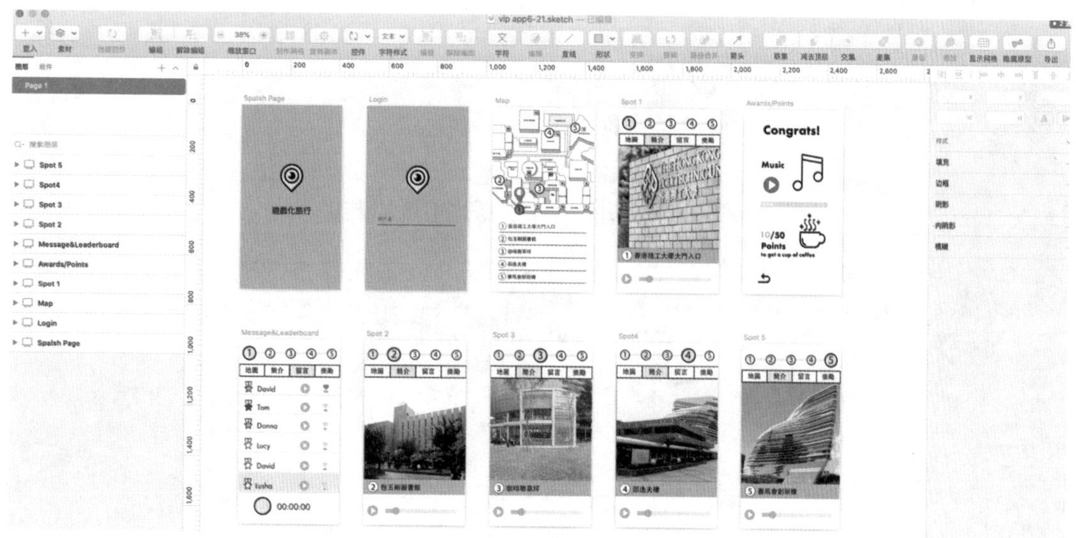

使用 Sketch 进行第一阶段的应用测试

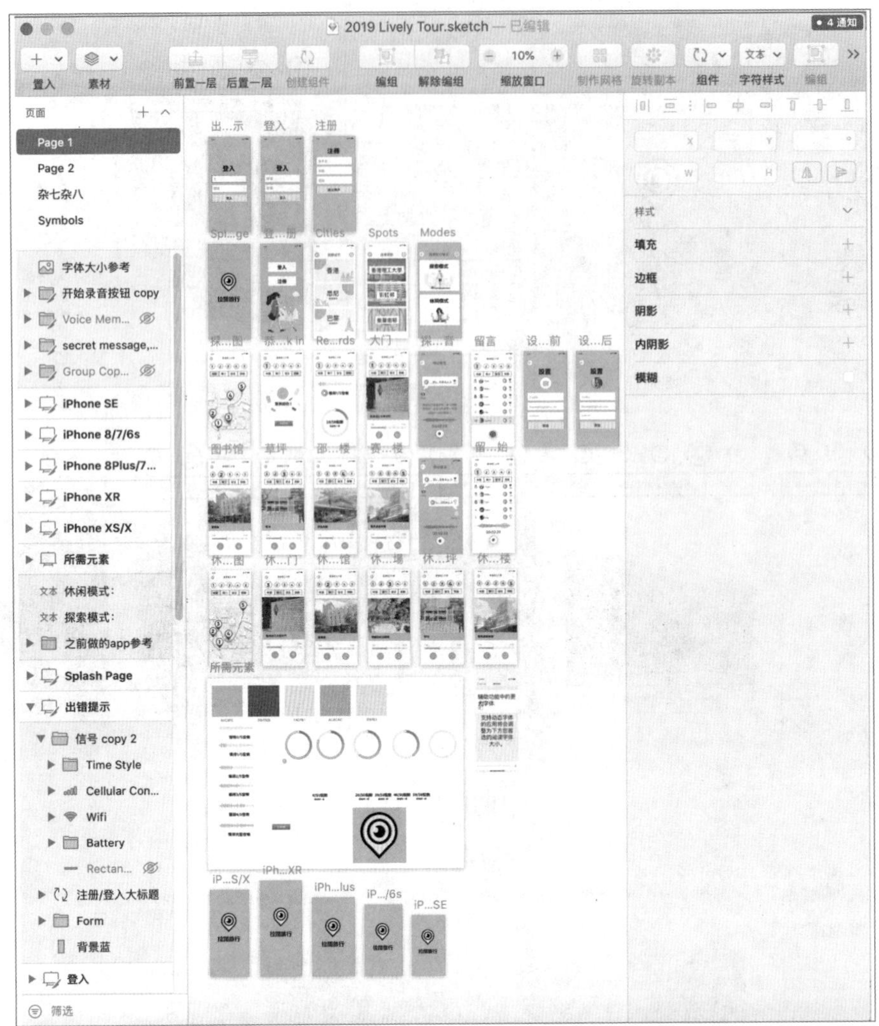

使用 Sketch 进行第二阶段的应用测试

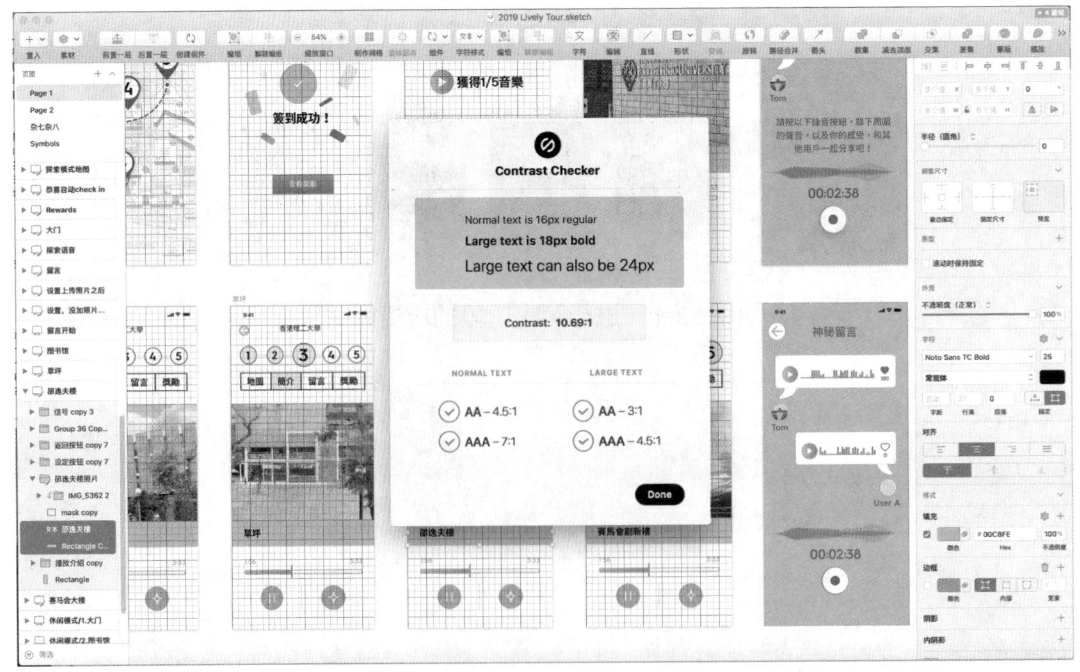

使用 Sketch 插件的 Stark 进行对比度测试

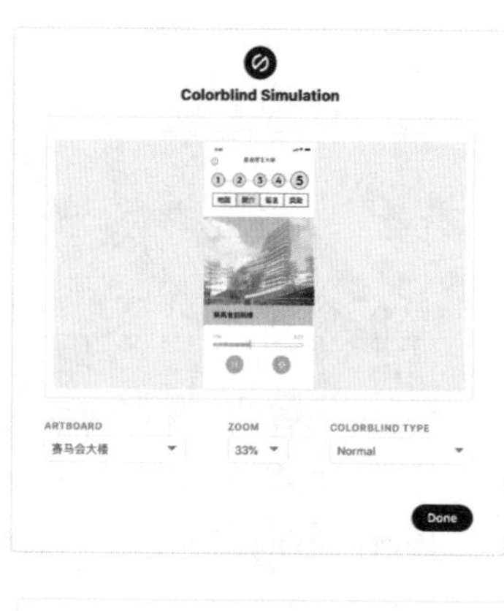

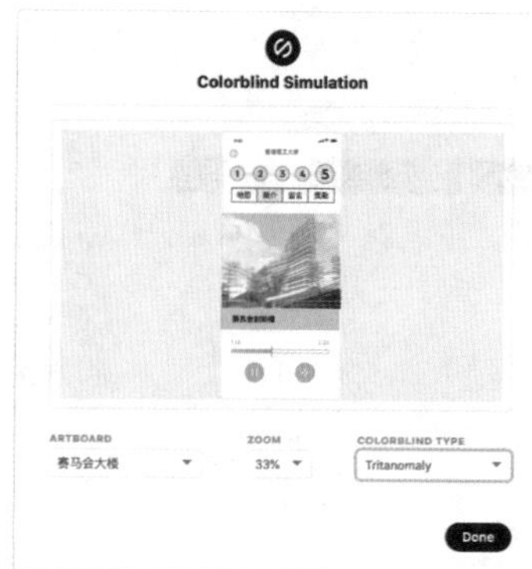

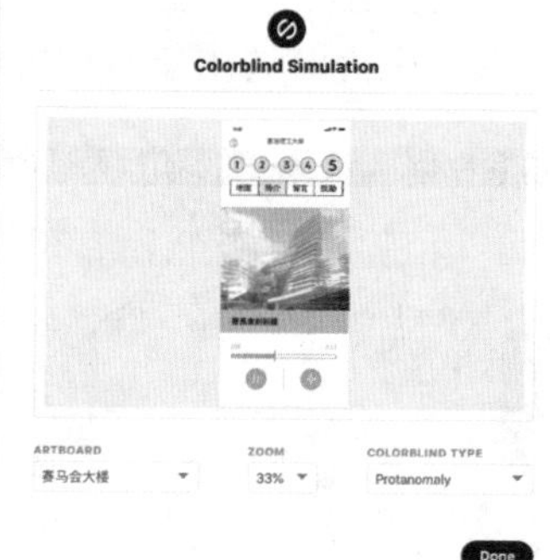

使用 Sketch 插件的 Stark 进行色盲模拟测试

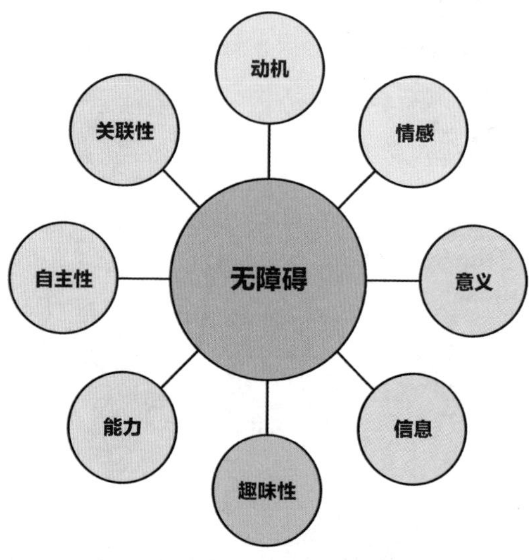

为视力障碍者设计出行体验的游戏化框架

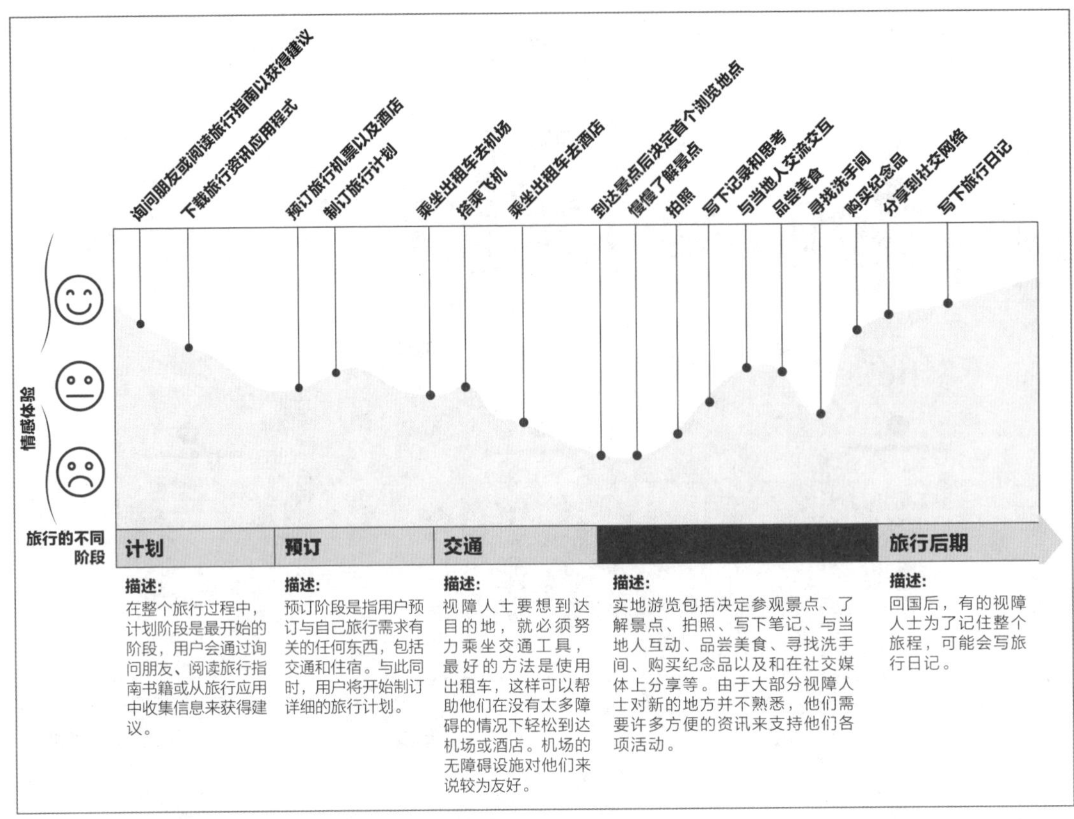

视障人士旅行时的用户旅程地图

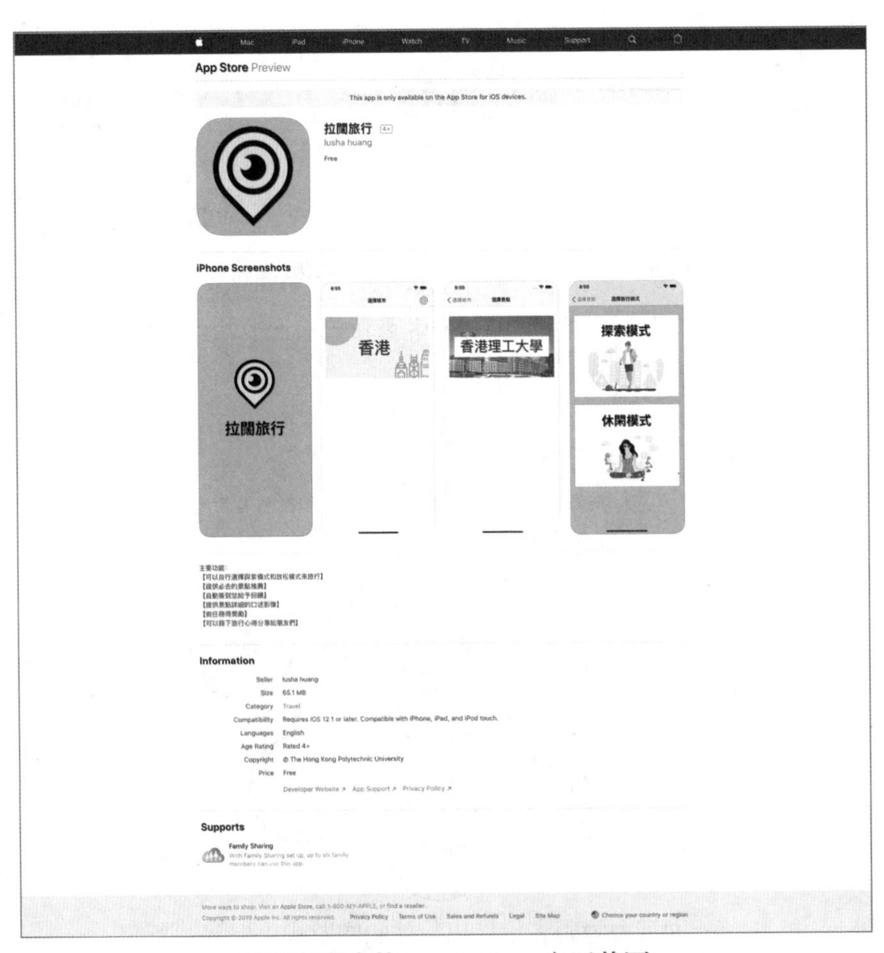

苹果商店中的 Lively Tour 应用截图

FOREWORD 前言

虽然目前的苹果应用（iOS）较为成功地满足了视障人士的基本需求，但高阶需求（如自尊、自我实现等）尚未被现有应用充分满足。学术界对视障人士不同领域所需的心理需求的研究仍处于起步阶段，旅行就是其中之一。本书展示了游戏化（一种将游戏机制应用于非游戏内容的手段）如何协助设计手机移动应用，以增强视障人士的旅游体验，而不仅仅是在不同旅游景点之间进行导航。

本书引入了一个“通过设计实践进行研究”的项目，该项目结合了混合共情设计研究和方法，将感官人种志方法中的多感官观察与访谈相结合。这些方法结合在一起，创造了一个更有同理心和直观的应用程式，以迎合视障人士的旅游兴趣和需求。此外，研究人员也进行了主题分析，这是一种数据分析方法，指的是在定性的原始数据中，有系统地识别、组织和提供主题模式的洞察力。收集到的资料显示，游戏化元素可以提高视障游客参与度、动机和乐趣。随后，研究人员在设计实践中采用了敏捷式应用开发。最后邀请了30名年龄为18～55岁的不同程度的视障人士进行应用程序的用户测试。

用户测试的结果表明，在移动应用中加入游戏化元素，对于提升视障人士在出行时的情感体验有很大的潜力。

这项研究将为视障人士提供更有意义的旅行体验，从而使视障人士群体受益。研究结果代表着在用户体验设计（UX）方面，特别是在旅行体验设计方面，通过提出适当的共情见解和解决方案，向发展关于视障人士的高级设计研究迈出了一步。

本书即将付梓，在此我要感谢那些鼓励我和支持我的人。

首先，我要向我的首席导师Hanna Wirman（卫以文）博士表示最深切的感谢和赞赏，感谢她在我的博士生涯中对我的持续支持、信任和精确的指导。她的建议始终是最鼓舞人心的，让我更好地发展自己的学术技能。除了她在学术上的支持，每当我遇到问题或怀疑自己时，她都鼓励我克服困难，并向我展示我可以实现的目标。Wirman 博士让我意识到我可以变得多么勇敢和自信，我，作为一个女性可以变得多么有意义。

我也非常感谢我的合作导师 Kin Wai Michael SIU（邵健伟）教授，他给了我莫大的支持、宝贵的指导和相当大的鼓励，促进和加强了我的研究能力。我衷心感谢他在不同阶段抽出时间来讨论我的研究。

在此，我也要衷心感谢每一位参与研究的人员，特别是他们的耐心，无怨无悔地回答了无数的问题。特别要感谢香港失明人协进会的明先生和波波小姐帮我联系参与者。

我非常感谢以下参与研究的专家，他们慷慨地分享了他们的精辟见解和建设性的意见。Richard Chui, Remy Wong, Polly, Lai Sir, Chris, Michael Fung, Rico Chan, Gus Chalkias, Marie Landais, Peter Wong, Cora Chu, Haidi, Sean Fong 和 Dawning Leung 博士。

此外，还要感谢 V920 的所有同事，即 Andrew Wong 博士、Ludovic Krundel 博士、Luisa Chau、Mia Hua、Rhys Jones、Sathya Naidu 和 Giovanni Lion 的支持。我还要感谢香港理工大学设计学院，感谢他们提供了非常好的学习环境和丰富的资源。

最后，我特别要感谢我亲爱的家人，尤其是我的外祖父朱有章教授。我之所以选择关注视力障碍者这个问题，是因为他作为眼科的教授，用自己的医术治愈了成千上万的患者，这一点对我影响深远。

由于本人水平有限，加之部分研究成果的阶段性属性所限，书中难免会出现一些问题，敬请广大读者提出宝贵意见和建议。我会认真对待，或转与相关专家，给出回复意见，也希望能与广大读者恳切交流，共同切磋进步。

黄露莎

2020 年 12 月

CONTENTS 目录

第 3 章 研究方法

第 4 章 对目标受众的洞察

第 5 章 设计实践

第 6 章 结论

第 1 章　概述

本章对视觉无障碍游戏化交互设计研究进行了简要概述，并分为六个部分，分别是研究动机，确定研究的问题，研究的背景和范围，研究的目的，研究对视障人士出行应用（App）设计的贡献和意义，以及本书的结构。

1.1　研究动机

视觉无障碍游戏化交互设计研究有一个特殊的个人背景。作者小时候是在外祖父母家中长大的。作者的外祖父是一位著名的眼科教授，专门研究眼底疾病。作者亲眼目睹了数百名患者专程到祖父家，在恢复视力后向外祖父所表达的深深谢意。这让作者意识到视力对每个人来说是多么的重要，也更加了解到视障人士所面临的痛苦。

在一次去拉斯维加斯消费电子展（CES）出差时，作者在展览上看到了数万种正在展出的电子产品。这让作者意识到，设计师已经投入相当大的精力去创造能够提高消费者生活质量的产品。然而，只有相对有限的产品是专门为视障人士设计的。因此，这促使作者想通过了解视障人士的需求，以期盼为他们带来享受和满足。这也将缓解他们目前与视力正常的人相比生活质量低下的问题。

从一般需求的角度来看，视障人士的首要需求是获取信息。关注视障人士不同领域心理需求的学术研究仍处于起步阶段，旅行和旅游是其中一个领域。从

旅游需求的角度来看，关键的需求是获取准确可靠的目的地信息。这些信息对规划和享受愉快的旅行起着至关重要的作用，例如住宿的可及性和各类信息的准确性。

感谢科技的进步与发展，白手杖、手机和屏幕阅读器等辅助技术使视障人士能够获取信息，帮助他们更好地融入社会。本书的重点是探究手机应用设计。选择手机作为辅助视障人士的载体有几个原因。首先，手机应用程式对于目标用户来说是可以负担得起的，以及能够较为容易地使用的；其次，手机提供了“几乎在任何时间和任何地点”的信息获取。最重要的是，嵌入主流设备中的手机可以帮助视障人士感受到更少的标签化。为了研究如何更好地开发 iOS 应用，并满足视障人士的需求，这里有必要探究视障人士的心理动机。

理解人类动机的最有影响力的理论之一称为马斯洛需求层次理论。虽然有研究提到，少数马斯洛需求层次理论可能在不发达和发展中国家的实践经验基础不足，但根据 Fallatah 和 Syed 的研究，马斯洛需求层次理论已经在发达地区中得到广泛的解决和实践。香港特别行政区作为高度发达地区，在人类发展指数榜单上排名第 7（联合国开发计划署，2018），马斯洛需求层次理论可作为研究视障人士的心理需求的理论依据，适合应用于香港特别行政区，该理论提出了人类需求的五个层次。马斯洛声称，人类是为了满足特定的需求而被触发的，有些需求优先于其他需求。这个层次结构从下到上形成了一个五层模型，由生理需求、安全需求、归属感需求和爱、尊重、自我实现需求组成。

人最基本的需求是生理需求，它构成了人们行为的第一动力。一旦当前水平得到满足，人们就会追求下一个水平。至此，虽然目前的 iOS 应用可以满足视障用户的基本需求（如导航和物体识别），但更高层次的需求（如社交需求，即友谊、亲密、信任，以及接纳、提供和接受爱）还不能满足。具体而言，这些需求包括自尊需求（如独立、主宰、支配、成就、声望、地位、尊重等）和自我实现需求（如自我实现、发展个人能力、追求个人成长等）。在这方面，香港对视障人士心理需要的研究至今仍不足够。有关应用程式的缺点及挑战将在第 2.2 节的现有移动应用程式中阐述。本书旨在解决这个重要范畴的研究不足的问题。

随着香港经济和人民生活水平的稳步增长，提高视障人士的生活质量越来越受到重视。其中，香港特区政府特别考虑视障人士的要求和公民权利，负责为残疾人士提供全面的支援服务，并致力建立一个无障碍的生活环境，促进他们全面融入社会。过去几年，经常性开支由2007年的166亿元增加到2016年的307亿元，增幅达85%，2017年经常性开支进一步增加到315亿元（香港特区政府一站通，2017）。除了香港特区政府各部门外，其他机构如香港赛马会和个人，还有一些慈善基金、私人捐助者以及企业义工也在支持香港的视障人士社区。在应用程序开发方面，香港特区政府向"创新及科技基金"投入5亿港元，让残疾人士的日常生活更方便、更舒适、更安全。在"数码共融移动应用程式资助计划"下，有两款旨在帮助视障人士的应用程序，分别是SESAMI（2013）和Tap My Dish（2017）。SESAMI可以提供室内和语音地图信息。Tap My Dish是由香港盲人联合会资助的应用程序，可以为视障人士提供语音增强的食物菜单信息。上述两个应用程序只集中于满足视障人士的基本需要，例如导航和物件识别。因此，需要开发一个能满足视障人士心理需要的应用程序，例如旅游和观光。

根据联合国《残疾人机会均等标准规则》（1993），视障人士应与非残疾人士享有同等的生活质素和公民权。联合国（2006）概述了将旅游和旅行权纳入《残疾人权利公约》的规则。香港特区政府以英国和澳大利亚的反歧视法为基础，于1996年推出《残疾歧视条例》。正如英国全民旅游协会（2009）的报告：旅游对我们的生活很重要，让我们对生活有所期待，有时间与家人相聚，有机会去冒险，我们相信残疾人士有权参与社会生活的各个范畴。没有什么领域比旅游和旅行更重要，也没有什么领域比旅游和旅行更受重视——它们能恢复我们的精力，拓宽我们的思路，满足我们探索新地方、享受和分享新体验的人类最深层的本能。

1.2 研究问题

本书主要的研究问题是如何通过移动应用提升视障人士的出行体验。在这一领域的初步研究，例如文献中的发现和在主要研究之前进行的初步访谈的结果显示：较为少的研究和设计实践能很好地理解视障人士旅行的需求以及帮助视障人士旅行活动（见第 4 章）。这使作者选择旅行体验作为本研究的主要关注点。

主要的研究问题由以下四个子问题来补充：

（1）现在香港视障人士使用辅助产品，特别是旅游应用程序的情况如何？

（2）研究人员如何能更深入地了解视障人士的需要？

（3）特别是在旅游时，视障人士如何使用非视觉感官与世界接触？

（4）如何设计移动辅助应用程序，以提高视障人士的旅行体验？

1.3　研究范围

根据世界卫生组织发布的《世界视力报告》（2018），全球有 13 亿视力障碍者，其中有 3600 万人完全失明，2.46 亿人视力低下。根据世界卫生组织（2018）的报告，视力障碍也称视力下降，指的是一个人的视力下降，无法通过通常的方法（比如眼镜）矫正，长期使用专门的辅助工具。尽管如此，视力障碍不包括近视、远视、散光、老花眼。根据测量视力和视野，视力障碍有不同的等级和组别。2018 年，国际疾病分类（ICD）第 11 次修订版确定了以下两类视力障碍的分类——远视和近视呈现的视力障碍（表 1.1）。

表 1.1　视力障碍的分类

远距离视力障碍	
程度	视力
失明	低于 3/60，1/60；无光感
严重	低于 6/60
中度	低于 6/18
轻度	等于 6/12 或高于 6/18
近距离视力障碍	
程度	视力
近距离	在 40 厘米处现有校正的情况下低于 N6

视力障碍类别取决于正常视力的人能够看到斯奈伦图上字母的距离（图 1.1）。

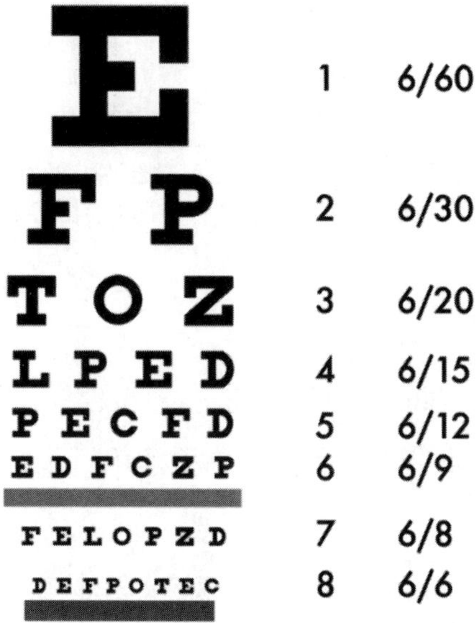

图 1.1　斯奈伦图

因此，距离越远，视力状况越差。失明或完全视力障碍是指没有光感或视力低于 3/60。严重的视力障碍相当于斯奈伦图上的视力低于 6/60。这意味着视力正常的人可以在 60 米外看到物品，而视力受损的人可以在 20 米内认出这些物品。中度视力障碍是指视力低于 6/18，轻度视力障碍指视力低于 6/12。近视是指视力低于 M.08 或 N6。低视力，表现为中度视力障碍与重度视力障碍、失明和低视力都属于视力障碍。关于香港视障人士的统计数字，基于香港特区政府统计处公布的《第六十二号专题报告：残疾人士及慢性疾病》（2014：28），香港约有 17.4 万名视障人士，占总人口（2014）的 2.4%（表 1.2）。

表 1.2　　香港按视力严重程度划分的视力障碍人士

严重程度	人　数	百分比 /%	占整体人口的百分比 /%
完全失明 @	7800	4.5	0.1
需要配戴特别助视器 ^ 才能看得到 *#	49500	28.3	0.7

续表

严重程度	人　数	百分比 /%	占整体人口的百分比 /%
不需要配戴特别助视器 #	117500	67.2	1.6
总计	174800	100	2.1

注　@ 包括那些只感觉到光或影的视觉有困难人士。
^ 包括低视力眼镜、放大镜及望远镜等，但不包括一般近视、远视、散光或老花等眼镜 / 隐形眼镜。
* 包括那些表示配戴特别助视器后情况仍没有改善的视觉有困难人士。
# 以最好的一只眼计。

资料来源：2014 年香港特区政府统计处。

然而，《南华早报》（Ngo，2015）称，这个数字可能被严重低估了，因为数据只是通过一般家庭调查收集的，因此，视力障碍可以说涉及我国人口中一个重要的增长部分。

从表 1.3 可以看出，视障人士的生活环境差、教育程度低、收入低。虽然香港特区政府致力于提高视障人士的生活质量，但表 1.3 的统计数字确提醒着，设计师和研究者需要为这类人群设计与研究出价格相宜的产品。

表 1.3　　香港视障人士的基本情况

视障人士性别	
男性	71200 人（40.7%）
女性	103600 人（59.3%）
视障人士年龄分布	
15 岁及以下	1300 人（0.8%）
15 ～ 29 岁	3100 人（1.7%）
30 ～ 39 岁	1400 人（0.8%）
40 ～ 49 岁	6200 人（3.6%）
50 ～ 59 岁	14200 人（8.1%）
60 ～ 64 岁	14700 人（8.4%）
65 ～ 69 岁	19500 人（11.1%）

续表

视障人士年龄分布	
70 岁及以上	114400 人（65.4%）
视障人士教育程度	
不上学 / 学前教育	54500 人（29.5%）
小学	69500 人（39.8%）
中学	40700 人（23.3%）
中学后	无学位 4500 人（2.6%）
	大学学位 8600 人（4.9%）
视力障碍者的活动状况	
经济活跃	17500 人（10.1%）
经济不活跃	156000 人（89.9%）
· 退休人群	125300 人（72.2%）
· 家庭主妇	11700 人（6.7%）
· 学生	1400 人（0.8%）
· 其他	17500 人（10.1%）
按行业分布的视障人士就业情况	
制造业	2000 人（11.7%）
建造业	700 人（4.2%）
进 / 出口贸易和批发	1600 人（9.9%）
零售、住宿和餐饮服务	3100 人（18.8%）
运输、仓储、邮政和信使服务、信息和通信及通讯	2100 人（12.6%）
金融、保险、房地产、专业和商业服务	3200 人（19.3%）
公共行政、社会和个人服务	3800 人（23.0%）

续表

按月收入分布的视力障碍者就业情况	
少于 4000 港币	2000 人（12.0%）
4000 ～ 6999 港币	2200 人（13.4%）
7000 ～ 9999 港币	4200 人（25.3%）
10000 ～ 14999 港币	2900 人（17.5%）
15000 ～ 19999 港币	1800 人（10.5%）
20000 港币或以上	3600 人（21.4%）

在这个研究项目中，我们考虑了不同程度的视觉障碍，包括失明、重度、中度和轻度。然而，可以说，一个人在晚年失明，与一个从出生就失明的人在视觉障碍方面的经历是不同的。Sardegna 等人进一步将失明分为先天性和后天性两大类。先天性失明指的是出生时或出生后头 5 年内失明的人。先天性失明的孩子可能没有视觉记忆，而后天性失明是指一个人在 5 岁后失明。这个人可能会有一些视觉记忆，并能使用视觉化。这两种类型的失明在本研究中也被考虑在内。因此，在人员招募过程中，将这两种类型的盲人纳入其中，在进行访谈的同时，也要寻求这两种类型盲人的异同。

本研究集中在 18 ～ 55 岁的香港视障人士。选择这个年龄组别是基于以下的考虑：①他们有能力负担交通费；②他们有可能外出旅游；③他们可以独立旅游；④他们大多数使用手机。因此，手机应用很可能有利于他们的独立出行。

谷歌在 2016 年 10 月调查了 500 名年龄为 18 ～ 64 岁的人在旅行时如何使用手机。调查结果表明，移动应用已经成为他们旅行前、旅行中和旅行后的重要工具。关于手机中的应用如何做出旅行决策，有两个观点需要强调：首先，智能手机应用程序是旅行指南；在旅行前和旅行中，超过一半的智能手机用户一般会搜索折扣和研究旅行计划；其次，应用是为了方便。旅行者依赖手机网站和应用，都有各自的目的。流动网站是用来探索活动，而应用程序则常用于存取数码数据和记录计划等。范围将提升视障人士在 iOS 系统中使用移动应用的体验，通过增加鼓励性元素来提升他们的生活质量。之所以选择苹果系统，是因为相比于安卓系统，语音旁白等无障碍技术更加先进。iOS 系统的辅助技术将在后面的 2.1.8 节介绍。此外，香港失明人协进会的一位职员表示，香港大部分的视障人士使用苹果手机。虽然官方没有公开的统计数字，但该名职员提供了一个令人信服的事实，就是香港特区政府宣布了一项对视障人士的资助政策，以鼓励他们购买手机。该补贴政策提供了 100 个名额，免除了视障人士购买手机的 2000 元港币的费用。有 90 名视障人士选择购买苹果手机，只有 10 名视障人士购买安卓系统手机。这正是因为这个群体中使用苹果手机的人较多，新手机持有者在遇到技术问题时更容易找到同样持有苹果手机的人求助。

此项研究重点探讨视障人士旅行的体验。“旅行”是离开家去一个陌生的地方，在当地和国外游玩。本研究中的“旅行体验”侧重于休闲动机，因为即使商务旅行者不能决定他们的目的地或活动，但是他们也可以探索他们的商务目的地。

“旅行体验”是包罗万象的，不仅包含假期中实际发生的日常事件和感受，还包括旅行前的阶段，如旅行计划、购买旅行产品和对旅行的期待。同时，旅行者在假期结束后，旅行也会给其带来与旅行相关的记忆和感受。因此，旅行体验可以分为五个阶段：研究和计划、预订、交通、实地游览和旅行后期。在谷歌的一项关于旅行中的移动应用研究数据分析（2018）发现，移动应用的使用跨越了旅行者的整个旅程，从预订到购物，再到他们在目的地利用便携式设备的方式。此外，超过 70% 的美国旅行者承认他们在旅行时“总是”使用手机。旅行者几乎总是带着移动设备去探索景点或活动，发现餐馆和商店，或使用导航。对于旅行体验的范围，研究的重点是视障人士旅行的便利性。在本书中，关于旅行体验与大体验过程中，我们特别关注的是实地游览目的地的参观体验（图 1.2）。

从出生就失明的诗人和学者 Stephen Kuusisto 经常提到，视力正常的人总喜

图 1.2 旅行体验过程

欢追问视障者：如果你看不见，为什么要去旅行？这严重低估了视障人士从旅行中获得的乐趣。在她的《窃听》一书中，描述了一个明眼人几乎没有注意到的声景世界。她生动地描述了她如何在威尼斯和冰岛等不同的地方如何使用身体其他感官来探究世界，虽然她只能看到一点，但她清楚地描述了丰富多彩的旅游的感官体验。旅游通常被描述为一种愉悦和感官的形式，如声音、气味、味道、触觉和感觉。我们通过使用感官来体验世界，研究证明，嗅觉和味觉在旅游体验中是最重要的。气味和味道（包括愉快的和不愉快的）会唤起人们的记忆，并且通常是人们所到过的地方的回忆，旅游体验可以被认为是一系列涉及不同感官的体现活动。菜市场的气味、异国食品的味道、海鸟的叫声、风吹在皮肤上的凉意，都是旅行的典型记忆。

很多视力障碍者可以利用自己剩余的视力，通过其他感官（特别是触觉和听觉）和动觉技能（感觉和感知能力）进行补偿。因此，在山中度假时他们可以感受到风和寒冷；在海中或泳池中他们可以体验游泳的感觉；在博物馆和历史遗址中他们可以感受不同的质感和表面。然而，尽管旅行有明显的好处和乐趣，但当今社会，特别是旅游业不理解那些身体与主流“标准”不同的人的需求，这也产生了真正的问题和挑战。Richards、Morgan、Pritchard和 Sedgley（2010）认为，视力障碍者在旅游方面有三个主要障碍：个人障碍（独立性、情感、心理），社会障碍（决策者和公众的意识），环境障碍（交通、可获取的信息、物理通道）。

在进行视觉无障碍游戏化交互设计时，主要关注的是个人障碍和环境障碍的可获取信息方面，也就是说，除了让他们独立旅游外，目标也是协助他们更轻松地独立了解目的地，同时可以与当地人进行互动。作者为他们设计了两个版本的 App。在设计应用程序的功能时，考虑到视障人士的需求，采用了“通过设计实践而研究”的模式。

1.4 研究目的

值得强调的是，视障人士有能力做视力正常的人可以做的事情。举例来说，视障人士可以搭乘地铁，但在地铁站行走和上下车时，需要采用不同的语音提示协助他们。因此，丰富视障人士的生活体验，帮助他们建立认知，是十分必要的。进行视觉无障碍游戏化交互设计研究的基础是通过视障人士的感受和想法，确定他们的实际需求和价值。目标包括以下几个方面：

（1）帮助视障人士提高生活质量，比如能帮助他们更好的旅行。

（2）运用感官人类学方法和共情设计研究的方法，发掘视障人士的真实生活，探索他们在旅行情境中的实际需求。

（3）在视障人士领域，发展一种植根于感官人类学的经验方法，以重新思考共情设计研究。

（4）评估和确定视障人士的需求，以便提供创造性的解决方案，提高视障人士的移动辅助旅行体验。

（5）为用户体验（UX）和用户界面（UI）设计师在无障碍内容方面提供一种经验方法。

1.5　研究的贡献和意义

本研究有助于填补一般手机应用设计领域和具体的旅游支持应用中关于视障人士的研究空白和产品空白，增加对丰富旅游体验和为视障人士创造情感体验的认识。这些新的知识可以有助于加强游戏设计和应用设计这两个领域中关于视障人士的设计研究，这些发现可以帮助确定更合适的同理心解决方案。假想一下，它可以指导数字产品的用户界面（UI）和用户体验（UX）设计师使用经验方法，以唤起更合适的设计方案，使产品更容易被视障人士接受使用。

另外，视障群体将从这项研究中获得经济方面的好处，与传统的辅助设备相比，数字产品更加实惠。这些研究结果对政策制定者和从业者都有意义，它们可以为政府、为视障人士服务的机构和社会企业提供可靠的实证。此外，这些研究结果代表着为视障人士提供适当的同理心见解和解决方案，向发展先进的视障人士设计研究又迈出了一步。最后，研究结果可以为学术界在旅游和旅行

研究、游戏化研究、用户体验设计研究和残疾研究方面提供借鉴。在研究方法上，本研究展示了共情设计研究和感官人类学如何被视障人士使用。

1.6　本书的结构

本书以应用设计研究法为基础进行组织，分为引言、相关研究与应用、方法论、设计应用、研究结果和结论等。下面对各章的内容进行简要概述。

第 1 章通过简要讨论研究动机，强调本研究的知识空白，概述了研究内容，随后提出研究问题、研究的范围、目标以及本研究的意义。

第 2 章相关研究与应用，全面回顾了重要术语，并进一步揭示了理论和实证研究中的相关研究与应用。相关的理论框架可用于设计更好的游戏化应用程序。

第 3 章方法论，探讨了与本研究相关的方法论问题。本章首先介绍了对共情设计研究方法的思考，研究方法分为次级研究和初级研究两个部分，通过设计实践进行研究。

第 4 章对目标受众的洞察，对研究结果进行了分析，并讨论了值得关注的问题。本章还根据研究结果和分析，确定了游戏化在视障人士应用程序设计的潜力。最后介绍设计和开发移动应用的无障碍指南和法规。

第 5 章应用程序设计实践，介绍为视障人士设计游戏化旅游应用程序的过程，包括用户旅程地图、功能设计和用户界面。本章还评估了应用测试访谈的主要结果。

第 6 章对研究结果进行了总结，讨论了研究的意义、影响和局限性。本章还对未来为视障人士设计更好的应用体验的研究提供了参考。

第 2 章　相关研究和应用

2.1　关键术语

本章的重点为确定和定义了与本项目相关的术语，分为体验、体验设计、游戏化、动机、情感、旅游业中的游戏化、口述影像、辅助技术以及针对视力障碍者的技术。

正如 Pine 和 Gilmore 所强调的那样，旅游产业主要是一个体验产业。因此，关于体验相关的文献可以纳入这个研究项目。由于游戏和游戏化与心理学理论有着紧密的联系，接下来分别介绍动机和情感心理学，讨论游戏化一词的定义和基于心理学理论的游戏化设计流程模型，介绍旅游中的游戏化，介绍口述影像的定义，讨论辅助技术，再讨论针对视障人士的辅助技术，最后探讨目前视障人士移动应用。

2.1.1　体验

根据 Gelter，“体验”一词具有双重含义：第一种含义，Erfahrung 是指“通过一段时间对某事物的实际体验而获得的知识或技能”；第二种含义，Erlebnis 是指“一个事件或发生，给某人留下印象”和“遇到或经历一个事件或发生”。在体验设计上，本书更倾向于第二种含义，因为本书的重点不是实用知识的积累，而是探讨如何增强视障人士的情感和心理感受。

现有的体验理论分为三类：体验、一种体验和作为故事的体验。根据认知科学家卡尔森的经验认知理论，“体验”是“在意识时刻发生的源源不断的流”。第二种描述体验的方式，根据哲学家杜威的《作为经验的艺术》一书，被称为有“一种体验”。“这种类型的体验有始有终，并且改变了使用者，有时还因此改变了体验的背景。体验的一个例子是遇到一个故事，它使我们感受到强大的情感，评估我们的价值体系，并使我们的行为发生改变。”另一种表达体验的方式是考虑“体验即故事”。“体验即故事”是人工智能理论家、认知心理学家尚克提出的概念。“体验即故事”自然是对话式的，它包括与不同主体的研究团队讨论用户的发现。因此，“体验即故事”在奇幻游戏中至关重要。在这里，“体验”一词将被用来指代“一种体验”，以及“作为故事的体验”。一项名为“欢迎来到体验经济”的研究断言，先进工业中新的主要经济产品将不再由服务（如服务经济）、商品（如农业经济、工业经济）来代表，而是由阶段性的体验来代表（图 2.1）。

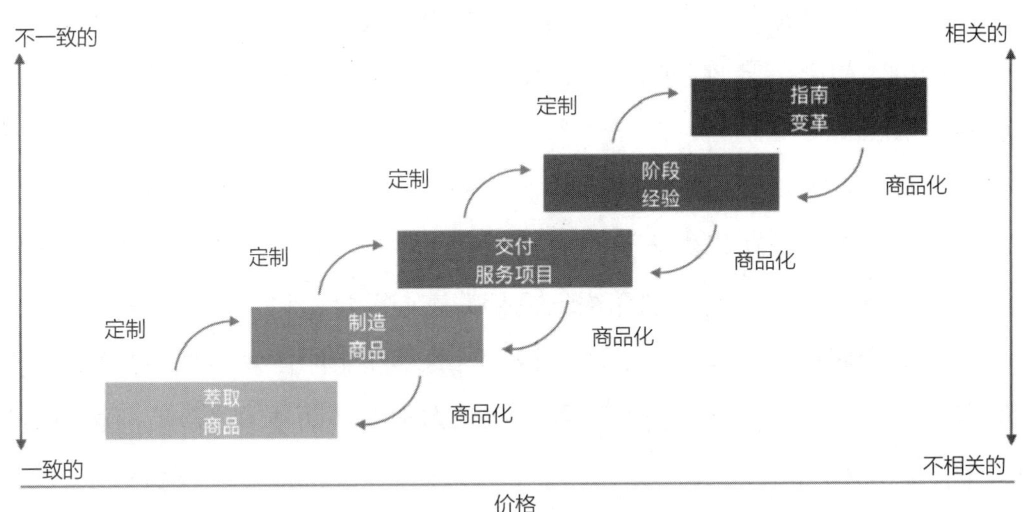

图 2.1　经济价值的递增过程

体验经济主要有以下五个方面：

（1）一般体验业：重点关注发展、趋势、社会文化方面的问题。

（2）经验生产者：专注于创业和产品管理。

（3）体验生产：研究生产过程，如如何设计体验、产品开发、流程管理等。

（4）体验产品：指营销、销售和定价。

（5）客人的经验：关于经验领域的物质的和非物质的方面，以及经验的类别和质量。

从以上五个范畴来看，本研究强调的是第三个内容，即体验生产。体验生产的范畴很广。体验生产中的数字体验也还是一个广义的范畴，涉及很多数字渠道，包括手机、网站等智能数字产品。具体来说，数字体验是关于用户与设备之间的互动，而这种互动只因数字技术而得以实现。在本项目中，由于苹果手机中强大的功能，iOS 应用中的数字体验将是首要关注的问题。与其他针对视障人士的辅助工具相比，手机轻巧便携，拥有量高，因此无论在哪里旅行都可以轻松携带。

本书主要考察视障人士到达实际旅行目的地后如何探索周围环境。Small、Darcy 和 Packer 在确定视障人士旅行体验质量的研究中，发现有四个主要因素，即信息的获取、他人的知识和态度、寻路的体验和与导盲犬一起旅行，这个研究是少数几个对这些体验进行分类的研究之一。目前关于视障人士的旅游体验，最大量的讨论之一就是导航。为了填补知识的空白，主要关注“信息的获取”，因为视障游客可以更好地参与到旅游景点中，从而获得积极的体验。与此同时，Small 等人还强调了与理解视障游客旅游体验的多感官性有关的因素，这点也会在本书中探讨。

2.1.2 体验设计

根据美国交互设计协会的观点，“体验设计”是设计能够为用户提供重要和适当体验的产品的程序。创建体验设计的主要方法是以用户为中心的设计。术语“用户体验”或“UX”与“用户体验设计”有关。用户体验设计是指创造使用产品或服务的理想体验。在人机交互（HCI）领域，用户体验设计一词被用于网站和应用程序的主题上。在过去的几年里，人机交互领域从体验的角度评价交互产品而不是产品品质，受到了越来越多的关注（Hassenzahl，2010）。

Pullman 和 Gross 将体验设计定义为“通过精心规划有形和无形的服务元素，与用户建立情感联系”的方法。著名体验设计专家诺曼强调了情感对用户体验设计的价值。关于体验设计中情感的描述将在 2.1.5 节介绍。成功的体验设计被描述为旨在将交互性、情感内容、个人意义和五感结合在一起。用户体验设计和游戏设计都是人机交互的形式，并且以体验设计为核心。用户体验设计和游戏设计成为相互交织的关系。

2.1.3　游戏化

基于麻省理工学院教授 Malone 的研究，Deterding、Khaled、Nacke 和 Dixon 在过去的游戏实验中提出了游戏化，以游戏作为体验设计的灵感。除此之外，Preece、Rogers 和 Sharp 也从人机交互的角度提出了产品可以是情感上的、审美上的、享受上的、趣味上的、愉悦上的、娱乐上的。在 2017 年 Adobe UX/UI 报告中，游戏化是 2017 年最关键的用户体验设计趋势之一。

说服性技术是为了改变、塑造或强化用户的态度或行为，或两者兼而有之而创造的，而不需要使用欺骗或强迫的手段。说服性应用通常是信息系统或数字软件。目前，游戏和游戏化可以被视为说服性技术。英国一家为电子产品开发类似游戏界面的咨询公司的老板 Pelling 是第一个提出游戏化一词的人，他认为游戏化是“应用游戏的机制来设计用户界面使电子交易变得愉快和快速”。游戏化的一个广泛而流行的定义是“在非游戏环境中使用游戏设计元素”。在图 2.2 中，引人注目的是，从 2010 年开始，全球范围内关于游戏化的搜索查询出现了惊人的增长，并且依然很受欢迎（图 2.2）。

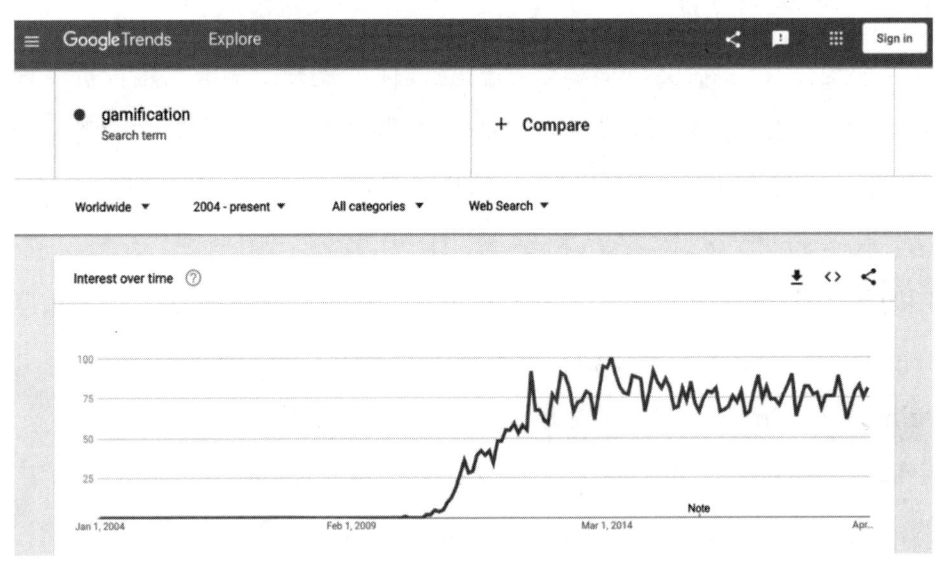

图 2.2　游戏化关键词的谷歌搜索趋势图

近年来，游戏化作为一种提高用户参与度和积极性，同时增加社会互动的方式，一直是一个热门话题。因此，游戏化为下一代商业战略以及客户参与度而被广泛讨论。它也被广泛地应用在不同的背景下，例如，教育和健康。在教育背景下，游戏化系统的目标可能是通过鼓励学生阅读课堂材料和参与课堂的动机来加强学生的参与度。此外，在健康和健康背景下，游戏化应用的目标是通过激励人们完成体育锻炼来提高人们的健康意识或身体强度。例如，游戏化应用“植物大战僵尸，快跑！”，采用了一个引人入胜的僵尸追逐玩家的故事。为了逃离僵尸，玩家会从不同的地点获取物资。

全球技术研究公司 Gartner Consulting 认为，到 2015 年将有超过一半的创新企业实施游戏化。McGonigal 提出，与现实世界相比，游戏空间可以提供一种有说服力的体验，而这种体验是人们在现实生活中无法拥有的。关于电子游戏、奖励计划、严肃游戏和游戏化之间的异同，存在一些争论。电子游戏、奖励计划、严肃游戏和游戏化在非常不同的阶段吸引人们，同时它们的目标完全不同（图 2.3）。

图 2.3　游戏化、奖励计划、电子游戏和严肃游戏的区别

奖励计划和游戏化之间的关键区别在于，游戏化以一种重要的方式吸引用户。典型的奖励计划，如航空公司的忠诚度计划，使用相同的游戏机制（等级和积分），但是，它们大多是在交易层面上吸引客户，以补偿他们，而不是在情感层面上接触人们。电子游戏从根本上说是在娱乐的奇思妙想层面上进行的。游

戏可以定义为一种基于规则的系统，玩家在其中遇到的挑战具有可量化的结果。与电子游戏相比，游戏化应用是在非游戏的情境中构建的，通过采用一些游戏的特征而变得更加强大。这个概念指的是，游戏化应用（如“植物大战僵尸，快跑！”）的游戏元素（如积分或排行榜）对于应用满足其主要功能（如跑步追踪器）来说是不需要的，而游戏如果没有游戏组件就不可能存在。Deterding 等将严肃游戏和游戏化的定义区分为“游戏化与普通娱乐游戏和严肃游戏的区别在于，游戏化的制作意图是一个包含游戏元素的系统，而不是一个完整的游戏本体。”在非游戏情境中实施游戏元素可以改变行为，增强参与度，提高积极性。

严肃游戏不是为了娱乐而产生的，而是有特殊目的的。严肃游戏具有真实游戏的所有成分，但也有一些确定的目标、结果或创作者希望传达给玩家的信息。Brown、Standen、Evettersby 和 Shopland 提出了严肃游戏作为感官障碍的实际解决方案的潜力。

游戏化应用游戏机制和游戏思维来激励用户，满足用户在情感层面的需求。Schell 认为，游戏化在未来有可能成为一个多余的名词，并将作为激励设计的另一个方面被广泛接受。游戏化是一种鼓励动机、参与和享受的方法。Seaborn 和 Fels 将游戏化定义为“有意识地使用游戏元素对非游戏任务和情境进行游戏化体验”，其中游戏组件是由游戏直接引发的对象、模式、原则、方法和模型。Burke 提出，游戏化作为一种引人注目的工具，被众多组织用于其数字参与战略中，以激励人们实现目标。

接下来，将介绍游戏化的原则。其中最常用的一个创建游戏化体验的框架称为 MDA，它代表了机制（Mechanics）、动态（Dynamics）和美学（Aesthetics），为创建游戏化体验提供了三个基本原则。MDA 框架使我们能够利用系统思维来识别这些游戏元素，并将其应用于非游戏内容。

机制构成了游戏的功能元素。游戏机制让设计师可以控制游戏的关卡，并引导玩家行动。就游戏化的主题而言，游戏机制可以分为七个主要元素：入职、徽章、排行榜、关卡、挑战、积分和参与循环。这些游戏机制将在本项目设计游戏化应用的过程中被考虑。玩家对这些游戏机制的参与被称为动态。机制是设计游戏的工具，而动态是指玩家如何与游戏体验互动。

最后，美学代表的是游戏让玩家在游戏过程中感受到的元素。游戏美学是与动态和机制互动的综合结果。

MDA 框架中的这些美学指的是玩游戏的八种独特的乐趣：感觉、幻想、叙事、挑战、友谊、发现、表达和休闲，详见表 2.1。

表 2.1　MDA 框架中的八种美学

1. 感觉	2. 幻想	3. 叙事	4. 挑战
唤起玩家的情绪	游戏为虚幻的故事	游戏为展开的故事	游戏为障碍
5. 友谊	6. 发现	7. 表达	8. 休闲
游戏作为社会框架	游戏作为未知领域	游戏作为临时演讲台	游戏作为无意识的消遣

MDA 模型中的三个层次能很好地帮助笔者从情感点出发，然后设定设计目标，构思游戏化系统中的动态用户行为。此外，著名游戏设计师和学者 Kim 讨论的社会参与循环概念也会被考虑。与游戏机制相关的核心参与环路与反馈环路和正强化相关联，确保用户参与到游戏中。游戏化设计环路是基于工作流程：一种激励性的情感，它有助于社会参与性的行动号召，然后有助于玩家重新参与，最后是给予取得进展的可见反馈或奖励。图 2.4 代表了这个概念。

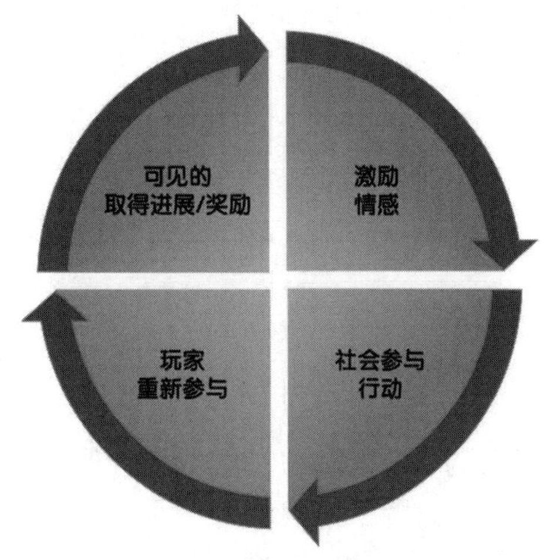

图 2.4　社会参与循环，旨在利用核心产品设计最大限度地提高玩家的参与度和再参与度

应用游戏机制是设计游戏化体验的主要活动。我们将对游戏化中的游戏机制做进一步的解读。Radoff 和 Kidhardt 采用 42 种趣味元素列表，进一步发展了 Reiss 的 16 种人类基本动机。该表为游戏所能提供的乐趣元素的多样性提供了一个全新的视角。

根据 Radoff 的 42 种趣味元素列表，Zichermann 和 Cunningham 勾勒出 12 种游戏化设计的动机，见表 2.2。

表 2.2　　主要游戏化机制

序号	人们喜欢的事物	游戏机制范例（一）	游戏机制范例（二）	游戏机制范例（三）
1	模式识别	记忆–游戏互动：物品先显露，随后隐藏，再组合	组合同类物品，就像在对象匹配游戏中一样	垫钱和烧钱：学习如何优化虚拟经济
2	收集	集邮和集徽章等收藏物品	稀缺性和退货：限量供应的物品、基于时间的物品	与他人的交易机制
3	惊喜和意外之喜	老虎机，加强不确定性	复活节彩蛋，寻宝，隐藏的对象	意想不到的情感体验，如 Foursquare 的独特而有趣的徽章
4	组织和创造秩序	时间 / 工作 / 产量的挑战	合并同类项目和 / 或创造对称性	组织一群人，就像一个团队
5	礼物	可轻松转让的虚拟物品	礼物提醒和建议	业力点：唯一目的是作为“礼物”
6	调情与浪漫	戳、笑、调侃 轻巧，容易被忽视的互动	热门或不热门风格：从名单 / 组别中选择人员并表达兴趣	虚拟物品或轻量级的“道具”、喊话
7	认可成就	徽章、奖杯	竞赛、游戏表演、颁奖典礼	强化的荣誉系统，例如：Nike Plus 和 Lance Armstrong
8	领袖他人	基于团队或合作的挑战	依据级别的领袖	长期且伟大的挑战，需要多名队员
9	名气，获得关注	根据玩家反馈，分数，晋升的排行榜	颁奖典礼、游戏节目、比赛	大规模或超规模的推广机会，例如 Flickr 主页上的图片

续表

序号	人们喜欢的事物	游戏机制范例（一）	游戏机制范例（二）	游戏机制范例（三）
10	做英雄	拯救公主的挑战	朋友求助，施以援手回应	MacGruber：即将要爆炸了
11	获得地位	徽章、奖杯特别是公共性质的	稀缺的、限量版的公开的项目	公开、明显的分数和排行榜
12	培育、成长	电子宠物风格：需要经常喂它东西，否则它将死去	过期的积分，在没有活动；增长	通过金字塔评分，与累计得分的队伍和领袖

在研究了游戏设计和游戏化的相关文献后，Xi 和 Hamari 观察到了一组类似的 13 种游戏化类型。其中包括沉浸相关的功能（叙事、自定义功能和头像档案）；成就相关的功能（徽章、积分、状态进度条、虚拟货币、关卡、排行榜和上升挑战任务）；社交相关的功能（社交网络功能、合作和社交竞争）。作者将这 12 个游戏化的动机与相关的游戏机制作为这个项目的主要考虑因素。

随着移动技术的快速发展，玩家可以在任何地方和任何时间玩游戏。智能手机允许用户与现实世界进行即时互动。Blum、Wetzel、McCall、Oppermann 和 Broll 认为，手机游戏以各种方式转变了玩家的体验，例如，游戏体验扩大了真实环境，这可能实现了用户与环境之间的动态互动。因此，下一节将介绍应用游戏化进行体验开发和旅游营销的潜力。

以下是评估游戏化是否适合某项干预措施时的原则。

（1）用户。

（2）用户的社会背景。

（3）正在取得的行为和心理成果。

（4）干预的逻辑理论或变革模式与游戏化的说服力环境的适应性有多强?

（5）正在开发的互动平台或产品。

（6）互动产品、用户和社区与七种游戏化策略的互操作性，如提供业绩反馈、克服挑战的能力、目标设定、游戏性、社会联系、比较进展和强化。

（7）互动用户、产品和社区与游戏化策略的互通性。

最值得注意的是，研究产生了两个关键方向：①用户的素质；②被游戏化的情境的作用。

基于 17 种游戏化方法，Morschheuser、Hamari、Werder 和 Abe 总结出了最主要的游戏化实践准则之一。这项研究将遵循以下游戏化准则作为设计灵感：

（1）了解用户的需求、动机和行为以及情境的特点。

（2）确定项目目标并明确界定。

（3）尽早测试游戏化设计思路。

（4）遵循迭代设计流程。

（5）在游戏设计和人类心理学方面有丰富的知识。

（6）评估游戏化是否是实现目标的正确选择。

（7）利益相关方和机构必须理解和支持游戏化。

（8）在构思阶段关注用户需求。

（9）界定和使用衡量标准来评价和监测游戏化方法的成功。

（10）控制作弊 / 系统博弈。

（11）管理和监控，不断优化游戏化设计。

（12）在设计阶段考虑法律和道德限制因素。

（13）让用户参与构思和设计阶段。

2.1.4　动机

“游戏化”一词涉及一个激励和情感系统，需要理解心理学和体验设计的各个方面。与游戏化相关的游戏理论与心理学领域有着紧密的联系。一个优秀的游戏化设计可以明确的为用户提供他们心理上的需求，从而满足他们的需求。因此，识别用户的需求是设计一个成功的游戏化应用的关键。诸多研究游戏化的学者称，游戏化的参与度可能依赖于多种因素，如用户的动机或游戏化系统的本质。这样一来，识别玩家动机对于创建一个理想的游戏化系统至关重要。

在心理学中，我们的动机可以分为两类——内在动机和外在动机。内在动机来自于我们自己，不受周围世界的影响。相比之下，外在动机大多是基于我们周围的世界，比如想赢得奖励或挣钱。在游戏设计领域，内在动机被确定为设计游戏过程中必不可少的因素。多年来，一些历史研究者对内在动机进行了探讨。特别是研究动机的积极特征的相关方法是心流理论。心流理论被定义为“人们如此投入于某项活动的状态，以至于其他的事情都不重要了；这种体验本身是如此的令人愉快，以至于人们会为了做这件事而不惜付出巨大的代价”。Deci 和 Ryan 通过总共 100 多项研究，提出了自我决定理论，他们确定自主性、能力和关联性三个因素为内在动机。对自主性的要求与人们完成特定工作的意愿和自我发展的愿望有关，或者说某人的行动取决于自己的意愿。综上所述，自主性意味着某人在参加活动时有选择和自由；能力与感受成长和自我控制的意愿有关；人类有一种适应环境、挑战各种困难、发展自身能力的本能；关联性与归属社会内容的要求有关，并与其他人建立重要的社会关系；个体希望融入社会矩阵。因此，当人们与他人建立起密切的社会联系时，就会获得更高的关联性来实现自我。

自我决定理论被认为是最常被提出的与动机相关的认知主义理论之一，也是游戏化研究中利用的主要学术基础之一。在后续研究中，Lazzaro 指出了四个基本原因作为内在动机，人们为什么要玩游戏：为了解压；为了掌握；为了好玩和社交。后来，Pink 在其著名的《驱动力》一书中，提出了与自我决定理论相似的三个内在动机：自主性、掌握性和目的性。Pink 强调，这三个内在动机正是马斯洛需求层次理论中符合自我实现需求的动机。基于一项涉及 6000 多名参与者的研究，Reiss 建议将内在动机描述为人类 16 种基本动机（表 2.3）。从游戏化的角度来看，Reiss 的 16 种人类基本动机模型与社交接触的基本欲望与游戏的需求联系在一起，这一点特别耐人寻味。

表 2.3　　Reiss 的 16 种人类基本动机

序号	动机名	动　机	动物行为	内在感觉
1	权力	渴望影响力（包括领导力和能力相关）	占统治地位的动物可以获得更多的食物	效能感
2	好奇心	对知识的渴望	动物学会更高效地寻找食物，并学会避开天敌	好奇
3	独立	渴望拥有自主权	促使动物离开巢穴，在更大的区域中寻找食物	自由度

续表

序号	动机名	动　机	动物行为	内在感觉
4	地位	对社会地位的渴望（包括渴望被关注）	在巢中的被关注会带来更好的喂养	自我重要感
5	社会联系	渴望同龄人的陪伴（游戏的欲望）	在群体活动中获得安全	趣味性
6	复仇	趋利避害的欲望（包括竞争欲望、胜利欲望）	动物受到威胁时的争斗	辩护
7	荣誉	渴望遵守一个传统的道德规范	受到威胁时的争斗	辩护
8	理想主义	渴望改善社会（包括利他和公正）	不清楚：动物是否会体现出真正的利他	同情
9	锻炼	渴望锻炼肌肉	强壮的动物吃得多而且更不容易受到天敌伤害	生命力
10	恋爱	性欲（包括追求过程）	为物种繁殖重要手段	色欲
11	家庭	渴望抚养自己的孩子	保护年轻生命促进物种生存	爱
12	秩序	想要系统化(包括需要仪式)	清洁仪式促进健康	稳定性
13	进食	渴望吃	生存必需营养	饱腹感
14	接纳	渴望被赞同	不确定：动物自我概念	自信
15	宁静	渴望避免焦虑与恐惧	动物会逃离危险	安全
16	储存	渴望收集、节俭的价值	动物储藏食物以及其他材料	所有权

通过借鉴 Reiss 的 16 种人类基本动机模型概念，Radoff 和 Kidhardt 将这 16 种动机与 42 种愉快的游戏机制相匹配，称为 42 种趣味元素列表。对玩家动机的充分理解将有助于设计者创造出具有说服力的游戏，以强化玩家的体验，特别是以旅游玩家的方式。按照前面提到的自我决定理论，Marczewski 提出了 RAMP 动机模型，即社会需要感（Relatedness）、自主感（Autonomy）、胜任感（Mastery）和目的性（Purpose）。社会需求感与社会背景下的归属感有关。自主感的核心概念可以看作是自由。胜任感是指掌握某种事物的过程。对个人来说，个人感到自

己的技能随着挑战程度的提高而提高，这一点至关重要。如果这一点得到彻底的平衡，它通常与心流理论相关联。最后，目的性是指我们需要我们的行动有意义，需要确保当我们做某件事情的时候有一个理由和一些更大的意义。

在了解了游戏玩家的动机之后，重要的是要确定旅游者的动机和他们对旅游服务和产品的需求，以理解旅游者的体验。在以往文献的基础上，Xu 等说明了手机游戏中纯游戏者与游客动机的区别（图 2.5）。

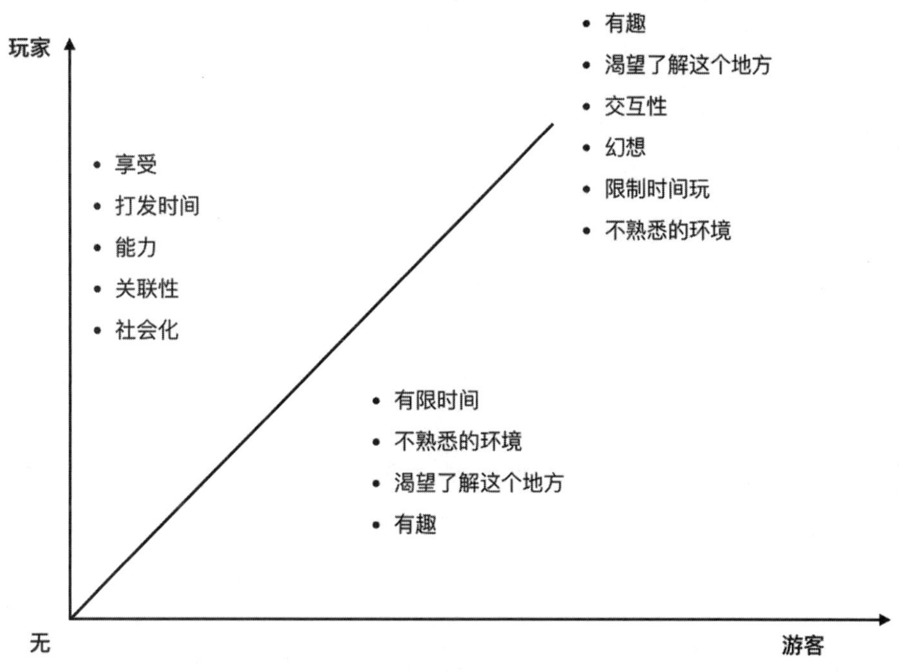

图 2.5 纯游戏者与游客在移动游戏中的动机的区别

图 2.6 显示，好奇心是玩旅游游戏的基本动机，这可以作为一种最新的旅游营销手段，旅游机构可以帮助玩家有效探索旅游目的地。另一个流行的主题是探索目的地，移动应用可以为他们在旅行中提供更多的信息和乐趣。社交动机是指旅游者与当地人之间的接触。它还可以引发当地人和旅游者之间共同创造体验。内在动机，如挑战和成就、乐趣和幻想，可以鼓励游戏中的“花”。当玩家变得更有经验时，他们会寻求更多的挑战和乐趣，这在玩一般游戏和旅游游戏时都得到了验证。综上所述，参与者认识到游戏可以被认为是提升旅游体验的一种潜在策略，并建议如果游戏设计得好，他们可以在游览过程中参与旅游

目的的活动。旅游游戏的动机金字塔为本研究提供了一个很好的框架，为以后的 App 设计提供了功能设计方向的参考。

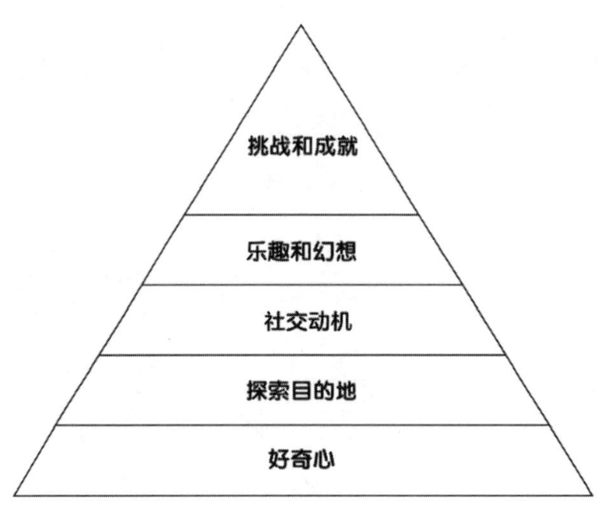

图 2.6　旅游游戏的动机金字塔

2.1.5　情感

该领域的许多研究都是基于 Norman 的情感处理的三个层次来研究体验设计领域的情感。Norman 提出反思层、行为层和本能层是情感处理的三个层次。每一个层次都会以特定的方式影响我们对世界的体验（图 2.7）。

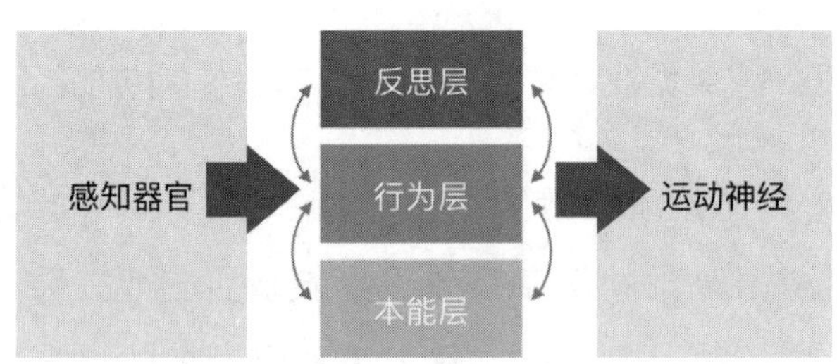

图 2.7　情感处理的三个层次

Norman 证明，本能层负责的是动物性层面的人类情感，几乎都是我们无法控制的。行为层集中体现了人类的规范行动，在最短的时间内形成目标导向的策略。反思层正如 Norman 所说，“是反思、有意识思考、学习关于世界的新概念和概括的家园”。为了创造对世界的整体情感体验，这三个层次的情感加工虽然在情感计划中被划分为独立的方面，但却相互联系，相互影响。本能层面是指用户对产品第一眼的感受。行为层面是指产品在使用中的体验。这个层次集中体现了用户的体验。反思层面集中体现了用户在使用前、使用中、使用后整个时间内对产品的看法。著名的体验设计专家 Ortony、Norman 和 Revelle 肯定了这三个情感层次是情感和设计的最主要方式之一。简而言之，情感的三个层次可以结合起来设计整个用户体验。

为了进一步建立一个框架，将 Norman 的情感处理的三个层次模型系统地整合到体验设计的实践中，Cooper、Reimann、Cronin 和 Noessel 证明了 Norman 的本能、行为和反思处理层次可以分别视为体验目标、最终目标和生活目标。体验目标与用户希望的感受有关。终极目标与用户热衷于做什么相关联。生活目标则与用户希望成为谁有关。在这种情况下，在设计“情感处理的三个层次”中的反映层次时，最重要的是要考虑到产品对预期用户的意义。因此，体验设计师应该时刻把用户放在心上，这一点很有意义。

积极的情感是设计师在设计体验时最有应用价值的元素。Tung 和 Ritchie 研究发现，包括兴奋和快乐在内的积极情绪是令人难忘的旅游体验的重要组成部分，其中包括知识、新奇、与当地人的社会互动、新鲜感、参与感、意义感和享乐主义七个要素。对人类繁衍生息中的积极情感的进一步研究是被称为积极心理学的理论。

积极心理学旨在进行科学的方法来感知人类生活的价值所在。美国心理学会（APA）前主席 Seligman 将积极心理学的主题与幸福感的科学建构联系起来。他暗示，幸福感是：建构，它又有几个可衡量的要素，每个要素都是真实的东西，每个要素都有助于幸福感，但都不能定义幸福感。

尽管幸福感无法定义，但有五个维度有助于幸福感，即 PERMA 模型和马斯洛的研究。PERMA 模型代表积极情绪（P）、投入（E）、人际关系（R）、意义（M）和成就（A）（图 2.8）。

Radoff 和 Kidhardt 提到，在他们改善游戏体验的 42 种趣味元素列表中的那些有趣的元素，大部分都附着在 PERMA 模型中描述的五个情感层面的积极元素上。

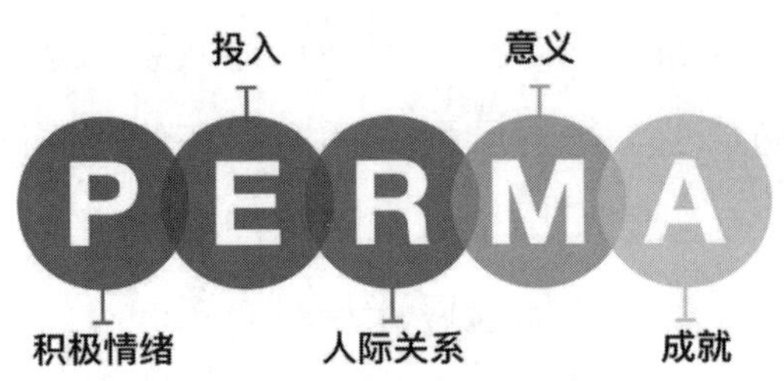

图 2.8　PERMA 模型

McGonigal 认为，基于 PERMA 模型，游戏设计和积极心理学领域之间存在着前所未有的合作机会。继 McGonigal 的提议之后，Manrique 使用 PERMA 模型意在更好地构思如何利用游戏化。Kim 概述了使旅游体验令人难忘的相关点也非常符合 PERMA 模型。自主性、关联性和能力是人类动机理论的一部分，称为自我决定理论，这也与 PERMA 模型有关。在这种情况下，PERMA 模型可以被认为是令人难忘的、引人入胜的旅行体验的核心部分，它与人们参与游戏的原因相对应。因此，本书可以利用 PERMA 模型作为一个框架，利用游戏设计的原则来设计旅游中令人难忘的体验。

在确定了游戏中涉及的 30 多种情感之后，情感和玩家体验方面的权威专家 Lazzaro 和她的团队成员认为，人们玩游戏是为了创造时刻到时刻的体验。在 Csikszentmihalyi 对心流理论、Ekman 对情感、Norman 对情感计算的研究基础上，Lazzaro 概述了四种不同的乐趣。Lazzaro 的四种乐趣理论分别是困难乐趣，即玩家在游戏中努力成为赢家；简易乐趣，玩家的目标是探索游戏；改变状态乐趣，游戏改变了玩家的感觉；社会乐趣，玩家在游戏中与他人建立联系。Lazzaro 的四种乐趣概念直接帮助笔者从心理学的角度为这个项目设计了更好的游戏化体验。到目前为止，已经明确了游戏化系统在触发动机和参与方式上成为有效工具的心理事实。

2.1.6　旅游业中的游戏化

如今很多旅游机构采用游戏这一创新和有用的工具，来加强与游客的动态互动和营销。作为促进旅游目的地发展的最新战略，游戏为目的地营销人员和旅游公司提供了一个建立娱乐性和信息性内容的机会，以促进沟通、互动和成功的品牌建设。旅游业可以被视为体验产业，它具有游戏化的潜力，或他们所说的“游戏”，作为一种技术工具，协助开发体验和增强参与度。例如，基于位置的游戏——采用寻宝的方式可以成为提升游客兴趣的一种手段。正如 Linaza、Gutierrez 和 Garcia 所言，“游客可以按照移动游戏给出的推荐列表，通过解决与他们的体验相关的小游戏，可以了解到一些关于环境的信息。”

游戏是关于享受和积极参与，目前被认为是一种强有力的营销策略。因此，游戏可以以一种有益的、快乐的方式提供一种创新的、令人信服的参与和互动方式 2011 年,《世界旅游市场全球趋势报告》推断，游戏化将成为旅游业的普遍发展之一。游客游戏体验研究者 Xu 等人预测，在未来几年内，利用手机在旅游目的地进行游戏将是一个越来越大的趋势。名为 M2 Research 的游戏研究公司报告称，到 2016 年，游戏化市场将增长到 30 亿美元左右。2017 年全球游戏化市场估计接近 20 亿美元，到 2023 年将估值约 200 亿美元。

目前旅游业采用的游戏化可以分为两类，具体方式如下：

（1）社交游戏（旅行前玩），通常由目的地管理机构出于目的地营销的目的而创建。这些游戏植根于 Facebook 等社交媒体，主要是为了吸引潜在客户、强化品牌意识、提升企业或目的地形象等而采用。

（2）Waltz 和 Ballagas 指出，采用基于位置的移动游戏（在旅行目的地玩）主要是为了以更深层次的享受和信息的方式改善游客在目的地的体验，增加游客在目的地的更多参与度。尽管如此，Linaza 等仍然认为，“旅游目的地是一个极其丰富的信息源，每时每刻都在为游客提供连续不断的图像、声音和感受，这是计算机无法完全模拟的。”目前，旅游目的地游戏大多采用传统寻宝游戏的技术。例如，联合国教育科学文化组织开发了 REXplorer，方便游客了解德国世界文化遗产雷根斯堡的历史。挪威的一款名为“奇妙城市”的游戏，旨在通过在不同地方完成任务，说服游客参与问答秀旅游。Mashable 认为，增强现实（AR）作为前沿技术，可以在现实和虚拟世界环境之间进行混合，可以在基于位置的旅游游戏中采用，以增强目的地的沉浸式体验。

在这个项目中，将重点关注基于位置的游戏化移动游戏在旅游体验方面的应用，因为之前的几个例子可以详细介绍如下。

由 Crowley 和 Selvadurai 设计的 Foursquare 是一个基于位置的社交网络应用（图 2.9），它允许用户在真实世界的地点签到，在用户使用该应用的同时获得徽章和奖励。

图 2.9 Foursquare 截图

McGonigal 在她的 *Realty is Broken* 一书中声称 Foursquare 中的社交生活比普通社交生活更好的原因。用户可以通过使用这款应用更加享受生活，因为这款应用可以让用户去他们没有去过的地方，尝试他们以前没有尝试过的东西，并且更经常地和朋友一起出去玩。简而言之，Foursquare 可以说是一个“游戏”，它奖励用户尝试新事物，鼓励用户不遗余力地进行社交。

斯德哥尔摩之声是一款基于声音的信息应用，游客可以通过声音探索斯德哥尔摩。有几个内置的声音导览游戏，游客在探索瑞典首都时可以通过赚取积分来玩（图 2.10）。

Bulencea 展示了在一个啤酒博物馆中，涉及五种感官的游戏化体验的实施

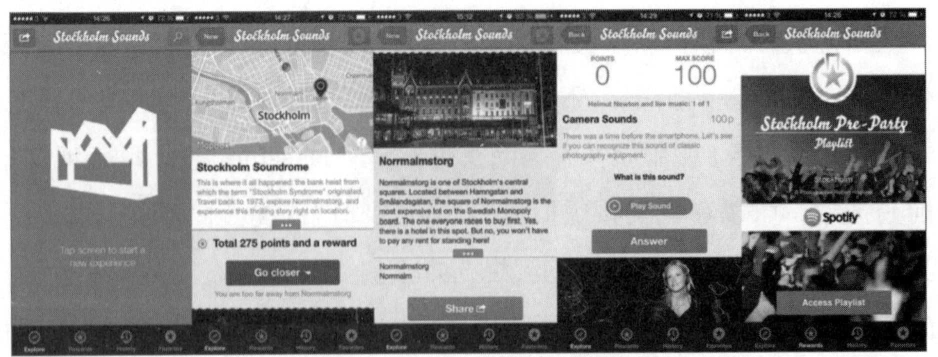

图 2.10 斯德哥尔摩之声截图

是如何影响参观者的。与传统的参观体验相比，参观者对体验的记忆更好，感觉更投入，也更满意。同时，以色列一家公司设计的应用“Stray Boots”利用游戏化建立寻宝游戏，其中包括完成几个任务，为用户与城市互动赚取积分（图2.11）。它不仅提供了城市探索的体验，还有助于建立活动，创造团体冒险，也协助建立团队合作。

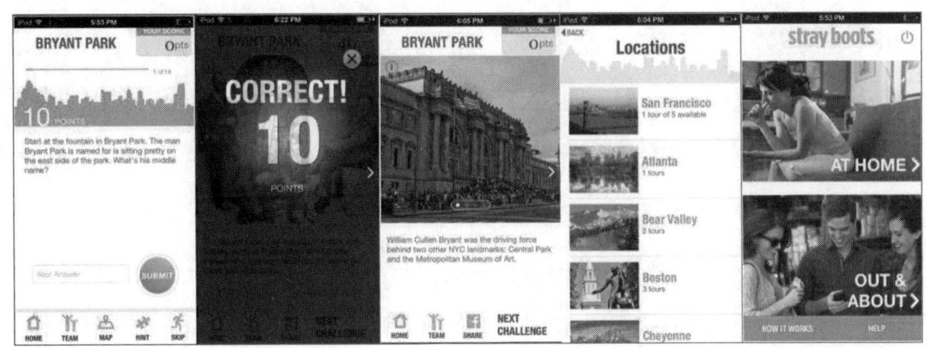

图 2.11 Stray Boots 截图

然而，游戏在旅游中的应用还处于起步阶段，至今令人满意的项目还很少，只有两类应用：文化传承和寻宝。游戏在旅游中的应用是最新的、正在兴起的话题。不可否认，它有四个方面的挑战：第一，与传统游戏相比，旅游游戏需要大量的目的地信息，而这些信息可能很难添加到游戏中；第二，这些游戏的商业模式需要进一步开发和研究；第三，从游戏设计者的角度来看，他们应该理解游戏者的欲望和游客的需求，然后将它们无缝地结合起来，提供有趣的、有吸引力的、令人难忘的游戏体验；第四，游戏开发者要创建基于位置的旅游游戏，还面临着一定的技术问题，如准确性等。

以上是关于游戏化如何在视障人士旅游时的应用案例，以往将游戏化应用于视力障碍者的研究并没有明确涉及他们在旅行时的应用，下文将介绍有关视障人士游戏化的研究实例。

Balata、Franc、Mikovec 和 Slavik 开发了一个导航平台，鼓励视障人士进行协作。他们对视障人士在陌生地方找路时的交流问题进行了研究，以获得启发。他们的假设在一项以约 55 名视障人士为样本的研究中得到了证实。结果表明，

大多数视障人士已经进行了导航协作，并认为来自其他视障人士的周围描述足以保证导航的高效和安全。因此，协作导航系统是基于视障人士的自然行为。

此外，Balata 等人的一项研究报告称，常规路线网络可以扩大视障人士安全有效地导航的城市区域。Balata 等提出游戏化的概念，即采用游戏元素来设计解决严重问题的过程，如医疗或社会挑战和商业问题。同时，Balata 等还提出，视障人士可以通过整合游戏组件和游戏开发方法进行协作导航。

Celtek 在研究了 15 款旅游领域的手机游戏后发现，除了 Geocaching 和 VeGame 外，游戏很少提供目的地的信息。游戏开发者由于技术背景，有时会忽略游客的要求。因此，游戏设计中以用户为中心的方法至关重要。Chou 指出，各种设计师只注重开发游戏化的表层。他们在设计游戏化体验时，往往会采用 PBLs（Points、Badges and Leaderboards），认为通过这三个元素，即积点、徽章和排行榜，可以让枯燥的产品自动变得刺激和吸引人。继 Chou 之后，本研究提出要超越 PBLs 系统。研究者最需要注意的是关注用户的体验和动机，而不是简单地使用流行的游戏机制和游戏元素。Chow 建议设计者在了解用户的感受后，可以开始思考在游戏化系统中采用什么样的游戏元素。设计师在创建游戏化应用时，应该对交互进行测试，以寻求无聊和焦虑之间的平衡。

Lowenfeld 称，失去视力的视力障碍者似乎有其他更强的感官。视力障碍者有感觉补偿的唯一原因是他们经常使用非视觉感官，因此，在为盲人设计应用程序或游戏时，声音设计是一个重要的元素。IEZA 模型将游戏中的声音分类如下：

（1）界面，指用于向玩家提供声音反馈的声音。

（2）效果，这是声音在认知上与游戏世界内的来源相联系的。

（3）区域，用于制作游戏世界中的氛围和环境声音。

（4）情感，利用声音来强化情感或营造氛围，音乐是最重要的元素。

旅游业提供了多方面、多维度的体验，学者们建议休闲体验是娱乐、惊喜和创新、放松和逃避、享受、感觉和幻想。由此看来，旅游研究和游戏设计研究的兴趣是重叠的，都可以通过类似的方法进行研究。为了挑战自己的能力而不断游戏的意愿，各种类型的情感，例如渴望和享受，以及从游戏中获得的快乐，都有助于深度参与游戏，并与旅游目的地进行互动。全面了解旅游者的游戏动机将有利于这些游戏的开发。虽然有关于游戏玩家动机的研究，但并没有游客的动机研究，因此无法了解游客的需求。最值得注意的是，Yovcheva 等主张，游客有与其他玩家相反的信息需求，游客一般对地点不熟悉，而且旅行时时间有限。因此，在设计游戏时，任务需要减少挑战性、减少模糊性。游戏设计有一些基本的方面，比如，用户喜欢什么样的游戏，什么时候玩，为什么玩。

2.1.7 口述影像

由于这项研究的目标是设计出类似于视力障碍者的本地伴侣的旅行应用，所以“口述影像”对这项研究至关重要。美国盲人理事会认为，旅行时的语音描述可以为视力障碍者提供视觉主体的语言描述，以帮助他们获取知识和信息。视力障碍者在陪伴视力障碍者时，应描述整个旅行经历。语音描述最初指的是让视障人士能够看懂电视节目、电影和戏剧的做法：由辅助性的解说服务来描述所有的视觉成分，如动作、面部表情、肢体语言、场景和服装。语音描述的历史与明眼人向视力障碍者描述周围世界发生的视觉事件一样悠久。后来，口述影像的服务已经扩展到博物馆参观和景观描述或其他任何视觉媒介的描述。根据美国教育部的《描述提示表》(2012)，口述影像的原则如下：

（1）描述最基本的视觉元素。

（2）从一般到具体的描述。

（3）如果时间允许，请说明其他细节。

（4）通过与熟悉的物体进行比较，描述形状、大小、质地或颜色。

（5）描述动作和表情手势。

（6）用主动语态、现在时态和第三人称进行描述。

（7）客观描述，不加评论。

上述原则更适合电视和电影院的口述影像。目前，很少有研究专门为户外旅游的口述影像提供框架或指引。作者联系了香港口述影像协会，并对香港口述影像协会的行政总裁及创办人梁凯程博士进行了专家访谈。梁博士为“口述影

像培训课程（户外活动）”撰写了以下口述影像指南：

（1）由一般到具体：先描述概况，再深入细节。

（2）描述具体颜色：要具体。例如：不要只说“红色”，可以说“酒红色”“血红色”或“砖红色”。

（3）使用比喻：如不要说“高大”，可以说“它像门一样高大”，也可以从听众的角度描述物体，如“抬头看，你会发现……”。

（4）描述材料：材料和质地应包括在口述影像中。

（5）利用声音、触觉和嗅觉：语音描述的旅游应该是多感官的，使用触摸和嗅觉作为补充。

在梁博士的论文中，她也提到了中文口述影像准则的意义和建议。可以在口述影像中加入更多的细节，如果时间允许，描述应该包括关于颜色、材料的信息，以及任何可能与设置场景相关的视觉效果的进一步描述。以电影《Z 风暴》的片段为例，使用了诸如“安琪儿穿着桃花丝浴袍”和“黄 Sir 脱掉安琪儿的浴袍”这样的详细描述。事实证明，她白皙的皮肤是最受大多数参与者欢迎的。例如，一位受访者表示，这些描述帮助他更好地想象场景；另一位受访者也有同感，他指出这类细节帮助他更好地想象场景，更容易理解。

根据梁凯程博士的研究，在 44 名参加者中，他们对未来发展口述影像服务的优先次序是：在电视上播放电影以外的节目（27 名）、在电影院播放（22 名）和在郊游 / 参观时播放（18 名）。事实上，参与者将发展更多“户外活动 / 参观”的口述影像服务排在如此高的位置，清楚地表明他们中的许多人都有强烈的愿望，希望走到户外，与大自然有更多的接触。这项研究也提供了一个实质的证据，证明研究视障人士的旅游经验是非常重要的。

市面上有几个应用程序采用了音频技术以便视障人士进行旅行使用。虽然这些应用程序都是以语音来讲述旅行故事，但却没有提供任何视觉元素的描述。Just Ahead: Audio Travel Guides 可以将用户的 iPhone 变成一个友好的音频导游，让用户享受解说的音频旅游（图 2.12）。

手机应用程序夏威夷哈纳之路 GyPSy 指南让用户在夏威夷哈纳之路自驾游的同时，还能享受茂宜岛的观光之旅。沿途有 140 多个语音点，会自动播放相关介绍，内容包括游览内容、相关故事、旅游提示和建议（图 2.13）。

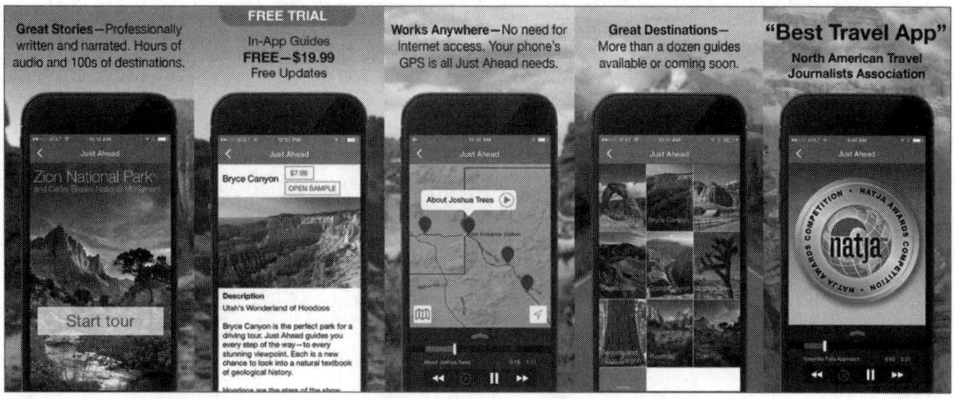

图 2.12　Just Ahead: Audio Travel Guides

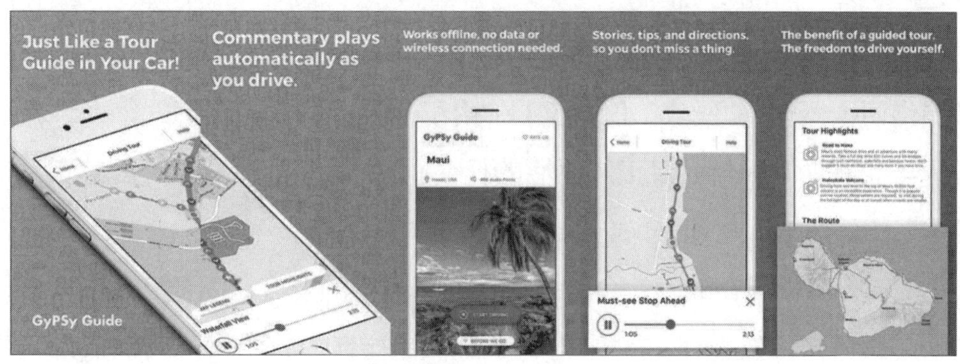

图 2.13　夏威夷哈纳之路 GyPSy 指南截图

上述应用采用了简单的口述影像，但由于视力正常的人可以看到景物，所以没有详细描述视觉元素。然而，界面设计、应用体验设计和音频功能，包括应用中的故事性，都可以作为本书现有解决方案的宝贵范例。

沿着这个思路考虑，意大利公司 Traveleyes 为视力障碍者和陪伴视力障碍者的视力游客提供合作服务。Small 列举了一些初步的证据，证明视障者和视力者在合作中得到了便利。研究方法为问卷调查和自我人类学研究，试图探索两个旅游群体的体验。研究结果表明，从视障人士的角度来看，合作可以为他们提供新的旅游体验。从视障人士的角度来看，这种合作关系能让他们获得公民权，令他们的生活体验更美好。这些研究结果可能有助于考虑这两类利益方之间的伙伴关系。

2.1.8　辅助技术

从某种角度来看，为视力障碍者提供的旅行应用可以被视为一种辅助技术。根据世界卫生组织的定义，辅助技术的定义是：与辅助产品（包括系统和服务）相关的组织化知识技能的应用。辅助技术是健康技术的一个子集。辅助技术的目标群体是残疾人士，定义是根据残疾的模式量身定做的。有两种基本类型：医学模式和社会模式。世界卫生组织将“损伤”解释为“心理、生理或解剖结构或功能的任何损失或异常”。医学模式认为残疾是个人的，并集中在人们的损伤上，作为导致康复方法的不利因素。

社会模式是基于残疾人群体所经历的社会和物理障碍，而不是他们的缺陷，认为是社会中的问题，而不是残疾人个人的问题。肢体障碍者联盟反对隔离，首先提出了社会模式。残疾人国际组织（DPI）发展了社会模式。该模式具有残疾和损伤两个概念。“残疾”的定义是：由于社会、身体或环境的障碍，减少或丧失了与他人平等参与社会正常生活的机会。“损伤”则被定义为因感官、精神或身体损伤而造成的功能损失。

残疾的社会模式在改变社会对残疾人和无障碍的态度，以及为残疾人创造权利和新的服务方面发挥了关键作用。然而，在社会模式中，残疾被认为只是人类多样性的一部分，是由社会和社区环境造成的，这些环境的设计没有考虑到残疾人的需求。在这种情况下，作为设计领域的研究者，本书主要研究社会模式方面的辅助技术。一般来说，残疾的社会模型更适合于本研究的设计和开发辅助技术，因为辅助技术设备和产品的目标应该是消除障碍，提供更多的机会。残障的社会模型可以用来确定设计者和工程师，设计者和工程师要承担以下两个方面的责任：

（1）为所有人设计，即设计设备和制造环境，残疾人人群都能使用。

（2）辅助技术系统的设计，例如，辅助技术产品的设计要打破社会和环境的障碍，从而为残疾人提供选择和机会。

在社会模式方面，辅助技术的目的是弥补残疾人渴望做的事情和现有社会基础设施使他们能够做的事情之间的差距。它包含各种装置、系统和设备，可用于消除残疾人遇到的基础设施、社会和其他障碍，确保他们平等和充分地参与社区。

2.1.9 针对视力障碍者的辅助技术

“辅助技术”包括帮助视力障碍者获取日常生活用品、进入安全环境，特别是公共场所、确保独立出行和方便行动的基本产品和服务（世界盲人联盟，2018）。手机中的核心辅助技术是文字转语音，即 iPhone 中的 VoiceOver 和安卓系统手机中的 Talkback。本项目的重点是 iPhone，所以本节主要阐述苹果手机的辅助技术。

2007 年 iPhone 发布时，采用的是平面触摸屏，没有物理上的区分，视障人士可以用手去感受。后来，苹果公司在 iPhone 中推出了针对视障人士最强大的功能——VoiceOver。语音播报是一种基于手势触控的屏幕阅读器，即使用户看不懂屏幕，也可以使用 iPhone。因此，本项目的主要功能是利用 iPhone 内置的无障碍功能——VoiceOver。iOS 用户可以通过三击“home”键开启 VoiceOver 功能。用户可以听到屏幕上发生的一切提示，从谁在打电话到电池电量，再到用户的手指在哪个应用上。用户还可以调整说话的速度。由于 VoiceOver 是在 iOS 系统中内置的，所以它可以很好地与所有内置的 iPhone 应用配合使用。启用 VoiceOver 后，当视障人士触摸键盘时，键盘上的每一个元素都会被朗读出来，当视障人士输入时，键盘上的每一个元素也会被朗读出来。用户可以通过上下轻触移动光标来精确编辑。iOS 支持手写等不同的字符输入方式，并能纠正错别字，旨在帮助视障人士更准确、更快速地打字。通过启用文字转语音功能，用户可以听到声音效果和建议的文字说出来。设计师和开发者应该为任何应用中的每个按钮创建自定义标签，包括第三方应用。另外，苹果公司也在积极与 iOS 开发者合作，以确保更多的应用能够兼容 VoiceOver。

2016 年 9 月 13 日，苹果发布了 iOS 10。新的操作系统增强了视障人士的无障碍功能。iOS 对每张图片应用 110 亿次分析来描写图片中的物品，并将其转化为可听的语境。同时，iOS 还可以分析用户图像中的人脸，然后与用户手机通讯录中的图像进行对比，自动识别人。这对视障人士的帮助很大。

最重要的是，这些都是在 iPhone 本身的层面上进行的，而不是远程服务器。在 iOS 10 中，还有一个增强功能称为语音邮件转录。iPhone 可以协助用户将语音转录为文本。语音转文字功能还支持盲文和语音转写。不过，由于转录并不完全准确，所以转录也有不足之处。语音转写设置可以根据用户的喜好进行自定义。在 VoiceOver 设置下，有一个新的子菜单“Verbosity”。“表情后缀”是“Verbosity”下的一个更新功能，在描述表情后会说“表情”一词。而“放大镜”功能则可以帮助低视力用户将字变大，便于阅读。Jordyn Castor 本身也是视障人士，在苹果公司担任软件工程师。她将自己的经验落实到协助苹果公司为视障人士设计无障碍数字产品上。苹果将无障碍功能作为标准配置，而不是专门设计。苹果公司全球无障碍政策和倡议的高级总监 Herrlinger 观察到：通过内置，它们也是免费的。从历史上看，对于盲人和视障群体来说，要想使用技术，还需要购买额外的东西或做一些事情。由于苹果公司在无障碍方面的进步，以及对视障用户的无障碍创新所做的努力，苹果公司于 2016 年 7 月 4 日获得了美国盲人协会的 Robert S. Bray 奖。iOS 12 增加了一些新的无障碍功能，其中包括显示便利和无障碍快捷键。

2.2　现有的移动应用

专门为视障人士开发的手机应用可以分为三大类：导航辅助、物体识别和其他，包括娱乐、新闻和教育。其中，导航辅助和物体识别类是苹果商店中开发最多的应用。我们将为视障人士设计的应用程序按国家、描述和 URL 分类，列出了一份详细的清单。完整的清单见附录 1。

2.2.1　导航辅助

BackMap，是一款来自美国的会震动的导航助手，可以让用户在不拿着手机的情况下，注意到何时向左转或向右转。每个表带都包含一个震动马达，当用户需要改变方向时，马达会指示相应的一侧。当用户收到推送通知时，两个表带都会震动（图 2.14）。

overTHERE 是一款基于 Smith-Kettlewell 的虚拟说话标志项目开发的应用。它是一款支持视障人士使用虚拟声音提示探索周围环境的无障碍应用。

图 2.14 BackMap

overTHERE 采用了独特的算法，用户可以在任何方向拿着手机听到虚拟标志。用户可以使用 VoiceOver 查看周围的标志列表。他们可以通过从列表中选择一个标志来获取关于某个地点的详细信息，如电话号码、地址或网站。overTHERE 还允许用户自定义他们的虚拟说话标志，用户可以保存下一次可能很难找到的特定地点。这款应用得到了香港视障人士的好评，因为即使用户远离市区，在香港爬山或游览岛屿，也能收到很强的信号（图 2.15）。

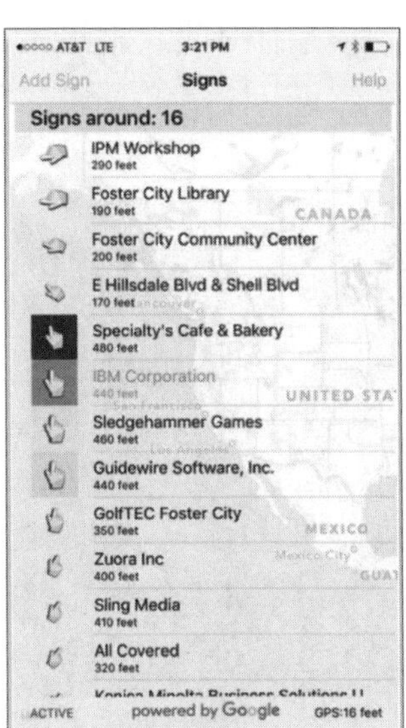

图 2.15 overTHERE 屏幕截图

在香港本地，九龙巴士的九巴 App 不仅会公布每一站的信息，还会在用户最后一站前提前两站提醒用户（图 2.16）。

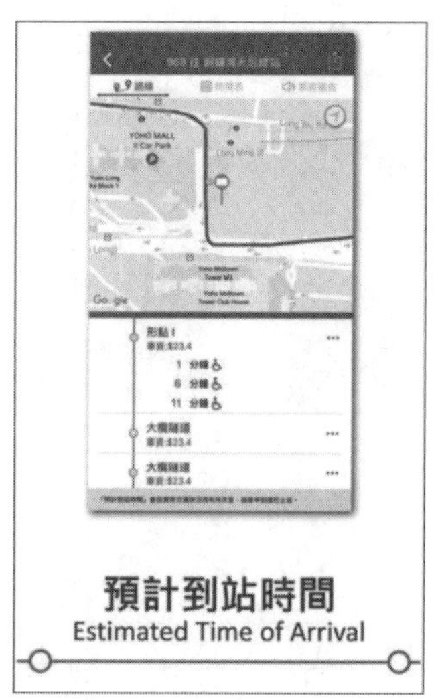

图 2.16　九巴 App 截图

声讯香港是一款数字移动地图应用，为用户提供了一个获取香港地理空间信息的便捷途径，其中包括由地政总署支持的建筑物信息和详细的数字地图，以及不同政府部门维护的公共设施的综合信息。VoiceOver 功能则方便视障人士接收位置信息。其独特功能如下。“我的位置”功能可让用户找到自己当前的位置。“附近环境”功能可让用户搜索附近的设施、地铁通道、建筑物、巴士站等。该应用有中英文版本（图 2.17）。

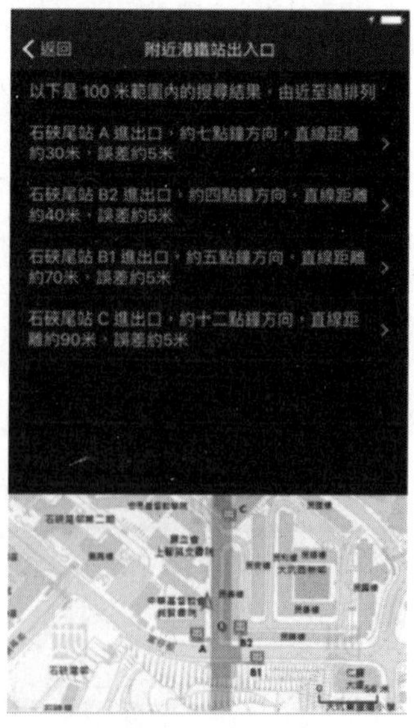

图 2.17　声讯香港截图

2.2.2　物体识别

DuLight，由百度（中国）有限公司开发，应用图像识别来提高视障人士的生活质量。它使用摄像头捕捉用户周围的环境，并将数据显示在用户的智能手机上。然后，用户智能手机上的配套应用将对这些信息进行处理，并讲述其解释。因此，利用类似于谷歌搜索所使用的图像识别算法来帮助用户搜索图像，百度可以理解 DuLight 用户的环境，然后帮助用户实时理解输出（图 2.18）。

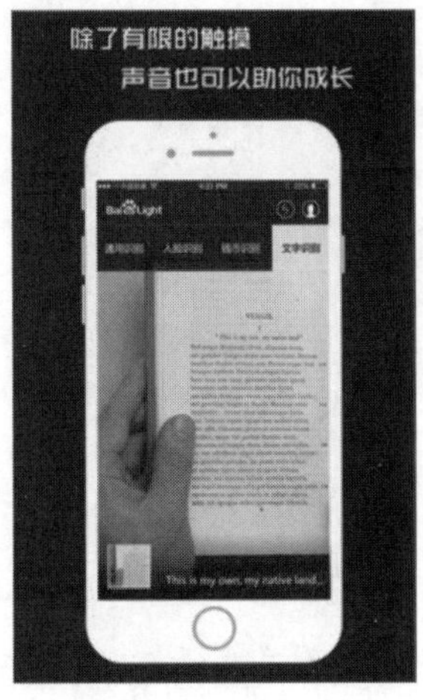

图 2.18　DuLight 截图

Aipoly Vision是美国一家公司开发的智能手机应用，用户可以通过物体和颜色识别来了解周围的环境（图 2.19）。

图 2.19　Aipoly Vision 截图

由丹麦一家创业公司开发的 Be My Eyes 是一款通过实时连接将视力障碍者与来自世界各地的视力帮助者连接起来的应用（图 2.20）。

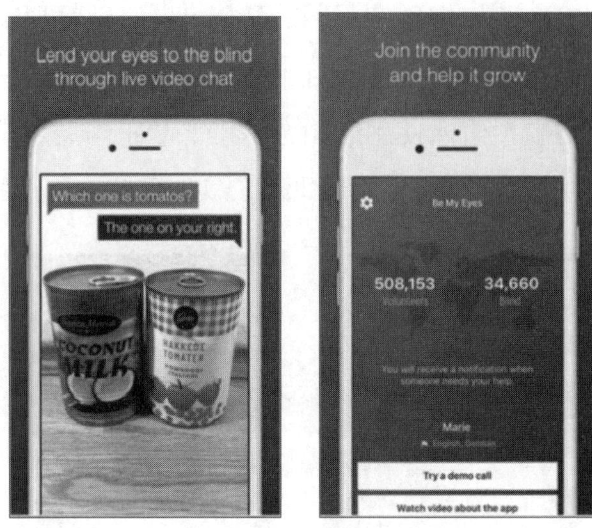

图 2.20　Be My Eyes 截图

芬兰一家公司开发的 BlindSquare，在用户旅行时描述用户周围的环境并公布兴趣点。免费的第三方导航应用，如 Foursquare 和 Open Street Map，可以作为一个强大的工具插入，提供视障人士独立出行所需的大部分信息（图 2.21）。

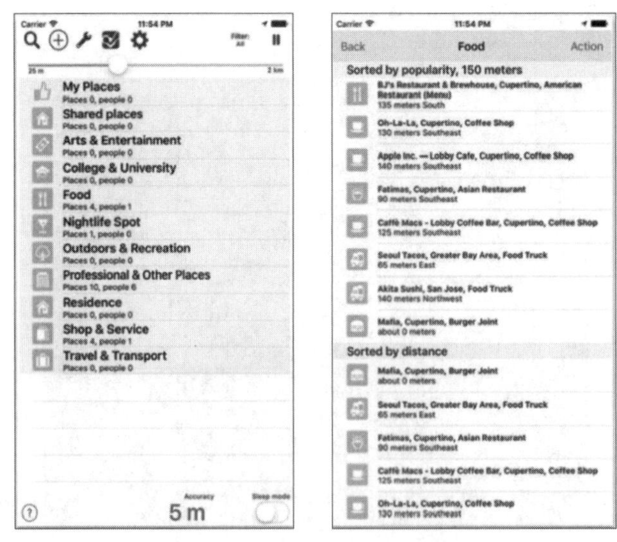

图 2.21　BlindSquare 截图

2.2.3　其他

1．教育方面

2017 年 8 月 21日，美国发生了一次日全食。对于有视力障碍的人或其他无法亲眼看到日食的人来说，Eclipse Soundscapes 应用程序为这一有趣的天象提供了多感官体验。这项服务由美国宇航局的太阳物理学教育联盟提供，其特点是实时播放日食的口述影像，并记录日食期间环境声音的变化。Eclipse Soundscapes 应用，是一个互动式的“震动式”手机应用，让视障用户利用触摸来直观地了解日食的情况。它采用智能手机的触摸屏和振动功能来指示日食的运动。轰隆隆的地图显示了日食在不同阶段的运动图像。当用户触摸照片时，该应用可以识别其手指下方像素的灰度，并根据该区域的亮度对手机进行强度振动。当用户将手指在触摸屏上移动到被月亮遮挡的黑暗空间时，振动将减弱并消失（图 2.22）。

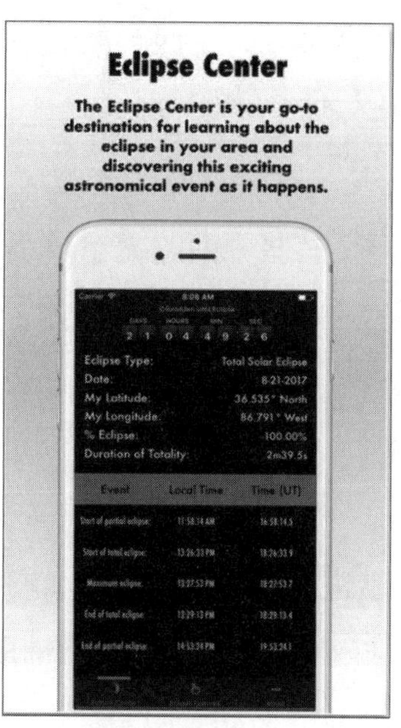

图 2.22　Eclipse Soundscapes 应用截图

2．娱乐方面

《Blind Legend》（2015）由法国一家名为 DOWINO 公司打造，是有史以来第一款没有视频或任何界面和图形的手机动作冒险游戏，它只使用音频。这款

游戏使用了一项创新技术：双耳声音。在这款游戏中，玩家只需在 3D 声音的引导下，通过多点手势控制角色参与冒险（图 2.23）。

图 2.23　《Blind Legend》截图

一般来说，从无障碍辅助的角度来看，iPhone 的 VoiceOver 功能可以方便视障用户接受各种信息。从功能的角度来看，一些应用程序（如 overTHERE）使用震动功能作为指示器，这对视障用户很有用。有效的语音描述和音效对于视障人士来说是必不可少的。通知功能也可以帮助视障人士更好地获取信息。从界面的角度来看，一般来说，这些应用的界面有的字体比较粗壮，比较清晰，比如爱宝利视界；有些界面的文字较小，包含了一些冗余信息，这就凸显了简洁的需求。本研究在设计时采用大字体，同时考虑了视障人士之间的合作理念。

2.3　小结

本章对文献进行了总结，包括本书中使用的七个关键概念：体验、体验设计、情感、动机、游戏化、口述影像和辅助技术。它进一步讨论了针对视障人士的辅助技术以及现有的移动应用。

根据文献综述，可以确认这些研究的重点仍然很狭窄，只涉及满足视障人士的基本需求，如导航和物体识别。因此，本书旨在确定视障人士的旅游体验质量。由于目前大多数的研究和公众讨论都集中在导航上，旅游是为了获取信息，为了开辟新的研究领域，我们的兴趣在于通过智能手机“获取信息”。此外，旅游体验是实际的日常事务和度假感受。一般认为，旅游者在旅行结束后会携带相关的记忆和感受。Small 认为，任何旅游体验都是一个微妙的、个人的、集群的情感时刻的集合，这些时刻形成了一种体现的感知，以及事后的记忆。同样，关于旅游，视力障碍者关注的是感觉的相遇，这涉及一系列的情感、体现和视觉欣赏。在那些解读旅游体验的亲密性的研究中，感性和情感方面的研究是显而易见的。因此，享受是旅游体验的传统动机因素之一，包括有视觉障碍的游客。

绝大多数旅行过的视障人士都谈到了他们从假期和离家旅行中获得的许多乐趣和好处。他们的经历与视力障碍者有很多共同点，包括社会交往、温暖的气候、放松、体验其他国家和文化，以及改变常规环境。然而，旅行并不总是一个实际的选择，许多有特殊需求的人难以接触和使用主流甚至是专业的旅游供应商。Richards 等指出，视力障碍者在旅游方面有三个主要障碍：个人障碍（独立性、情感、心理），社会障碍（决策者和意识），以及环境障碍（交通、可获得的信息、物理通道）。其中，Yau 等指出，主动旅游的过程对残疾人来说是至关重要的。在本书中，由于是主动出行，他们往往要克服个人障碍，目标是帮助他们了解环境，更容易与当地人互动。这可能会在情感和心理层面上增强他们的旅行体验。有一些工具可以增强情感投入，提供难忘的旅游体验。

这些工具，包括游戏化策略，因为这可能会增加游客对目的地的兴趣，提供知识和吸引人的体验。在当地人和其他玩家之间建立联系可以增强旅游体验，并影响人们与目的地的互动方式。然而，目前还没有文献在游戏化旅游应用的设计中解决视障人士的心理需求。此外，为了达到有效的效果，本书的应用需要包含特定的成分，如口述影像、游戏化和协作。因此，在这个项目中融入了以往研究中的合适元素。这两个群体利益相关者在出行时，明眼人和视力障碍者之间的合作关系可以帮助设计者开发出更好的旅行手机应用。

在本章中，已经明确了游戏化特别强大的原因：是它与人类心理学的紧密关系，这一关系得到了一系列值得信赖和通过了实证的理论框架的支持和证明，如 Marczewski 的 RAMP 动机档案，LeBlanc 的 8 种乐趣或 Reiss 的 16 种人类基本动机模型。

应用游戏化来触发心理模式，如动机和参与，已经成为一个日益增长的趋

势。因此，在设计过程中考虑视障人士的动机和积极心理是最基本的。在 Reiss 的 16 种人类基本动机模型的基础上，将 42 种趣味元素列表、PERMA 模型、MDA 框架、Lazzaro 的四种趣味概念、社会参与循环等模型应用到后面的设计过程中。

第3章　研究方法

在上一章了解了与视力障碍相关的术语并回顾了目前为视力障碍者提供的移动应用之后，本章介绍采用的研究方法，详细地解释为实现研究目的而实施的策略。本着进行整体透视以及推导出相应需求的目的，研究方法主要包括混合共情设计研究和从感官人种学方法中衍生出来的方法，以发现视障人士的真实故事和潜在需求。研究采用了质性研究的方法，为研究者提供了对某一事物的深入了解，而这种了解是不可能用单纯的定量数字表达的。研究设计如图 3.1 所示。

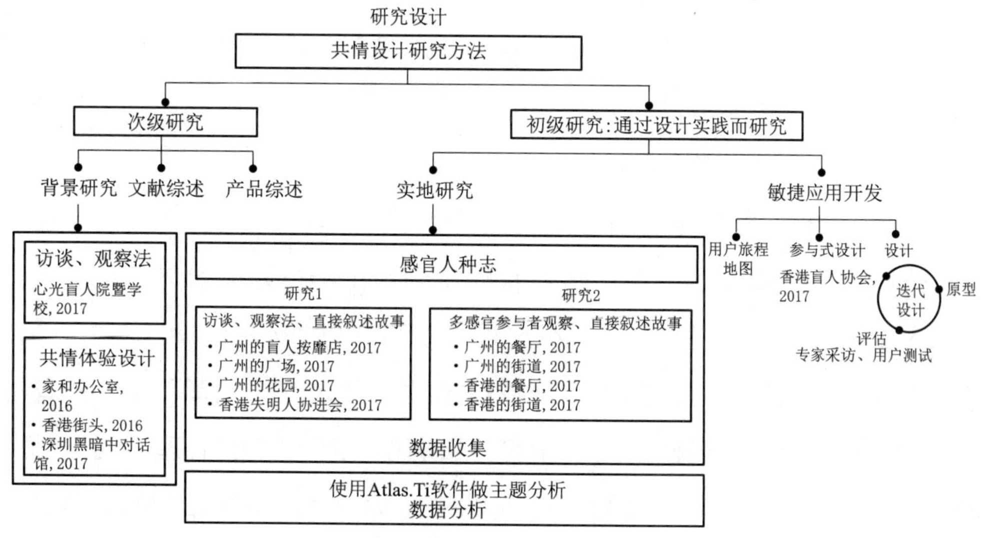

图 3.1　研究设计方法

首先，研究设计方法参考借鉴了“共情设计研究方法”学科的文献。特别是着重于进一步发展共情设计研究版本——“感官人种志”。其次，介绍了所进行的研究，以建立对视障人士及其在使用数字技术时所面临的挑战的坚实理解。背景研究包括访谈、观察和“共情体验”练习。再次，展示了项目的主要研究。为了收集这些材料，应用了“通过设计实践而研究”。同时，说明了两个实地研究的数据收集情况。田野研究中的方法应用了传统的定性研究，如访谈、观察、定向故事等，使用了与多感官参与者观察相关的感官人种志的方法。研究 1 主要结合了访谈、观察法、直接叙事故事法等技术。研究 2 主要应用了多感官参与者观察和直接叙述故事法等方法。在数据分析部分采用了主题分析法。最后，介绍了与用户旅程地图、参与式设计和迭代设计相关的敏捷应用开发。

3.1　共情设计研究方法

由于之前在纽约 IDEO 设计咨询公司的培训经验，笔者熟悉利用共情设计研究的方法来了解最初不为人知的利益相关者的独特需求和利益。由于没有视觉障碍，共情设计研究帮助设计者作为一个研究者和设计师与其他人产生共鸣。在这个项目中，共情指的是以培养同理心的要求有视觉障碍的人考虑与他们的想法、感受和故事相关的不同方面的方法。这些可以帮助研究者从视力障碍者的角度理解他们。当研究涉及边缘群体和受众，以及与残疾人一起工作时，这种基于共情心的方法被广泛应用。

Cosnier 根据共情心与同情心的分离来定义同理心，提出“同理心通过感知他人的意图、分享情感而自己却没有感觉到、传染行为、对与我们有共同价值观的人的连接感来表达自己”。在这种情况下，同理心是一种能力，它使研究者能够考虑某人的感受和想法，并把自己放在别人的“位置”上。同理心被 Brown 定义为“使我们超越把人当作实验室老鼠或标准差的心理习惯”。同样，Köppen 和 Meinel 将同理心视为与他人的情感体验建立联系的能力。Leonard 和 Rayport 声称，共情设计研究也是一种低风险、成本适中的了解目标用户需求的有效方法。

从设计过程和产品开发的角度来看，共情可以被看作是使设计者能够建立与实际用户欲望相关联的创新概念、产品、服务、系统和策略的一个要点。同理心设计方法能够在设计过程的初始阶段识别用户需求并激发相关见解。同理心向设计师传达了关键的无形元素，如情绪、愿望、感觉、想象力和焦虑。它给设计师提供了关键性的线索、提示和激励，加深了他们对用户的理解，从而使应用程序或网站更容易使用。它还协助设计师了解个人的需求，在整个过程中寻求意想不到的洞察力，并测试假设。此外，共情设计还能让设计师和研究人员开发设计项目。

这种感同身受的设计研究有几个优势，例如，它可以避免创造出对人们没有价值的服务和产品，因为它们不能满足目标用户的需求。与传统的市场研究强调形象和利润相比，共情设计以准确的需求为目标，探索目标受众群体，并采用脚本式访谈。这种方法可以同时满足个体的情感和功能需求。

同理心研究技术融合了移情、人种学、共享语言和合作。同理心构建是一种体验他人物理情境的策略，有助于感受一个人的同理心视野。设计者没有能力完全参与体验，所以利用模拟来提供相关的见解是有益的。在共情体验中，有不同的层次：接受对另一个人的表面理解，通过共情建模程序建立更深入的理解，获得与他人的共鸣，与他人建立情感关系。共情研究方法包括常见的民族志研究方法，如访谈、观察、与目标对象的互动等。共享语言与研究者基于语言（如视觉、肢体语言和文字）建立的理解相关联，这种理解能使交流超越表层。创建共享的工作语言有助于定义术语和语言，以减少合作者之间翻译的需要。这个过程既是有益的，也是具有挑战性的，因为团队的工作是“与”用户一起设计，而不是“为”用户设计。这确保了设计者和用户“站在同一条战线上”。当个人来自不同背景或学科时，这一点尤为重要。

旅游涉及一系列情感的、体现的、感性的接触，而视觉欣赏无疑是这种体验的一部分。视障人士必须克服人们普遍认为的观念，因为他们看不见，所以不能充分享受旅游。因此，通过各种感官提供有效的体验是至关重要的。为了更好地共情，感官人种志是在共情设计研究基础上的进一步发展。Hoey 将民族志的意图描述为对日常生活和实践提供深刻理解和整体解释。

同时，感官人种志不是简单的关于感官的民族志研究。感官民族志是关于民族志方法的反思，重点是感官认知和经验。在社会人类学的基础上，感官人种志主要探讨在研究中个体的感觉生活方式中，知觉和体验是如何不可或缺的，以及民族学家如何进行他们的技艺。

20 世纪 80 年代，Howes 首次提到感官人种志。后来，在 1991 年的时候，他将定义扩展到感官人类学上，呼吁通过关注感官来反映这一领域。Howes 提到了关于感官人种志的“感官转向”一词。跨学科的“感官转向”产生了对经验、实践和知识作为多感官的理解。2015 年，Pink 指出，感官人种志是跨实践性和应用性学科的最新民族志方法。

感官人种志在不同方面超越了传统的民族志：

（1）需要了解交织在一起的感官才能进行研究。

（2）除了听和写之外，还需要新的方法，如使用前沿媒体。

（3）感官民族志的表现方式不仅仅是写作和阅读，它可以是一个视频、一个装置，甚至是艺术实践。

（4）从收集数据到在实践中生产知识，都有新的方式来理解民族志方法的产品。

（5）从文本到默契、不言而喻、非语言，从写作到纪录片和摄影。

（6）从学术研究到应用民族学，再到公共民族学的议程转变，需要新的手段与研究参与者互动。

以下是笔者为了更好地理解感官人种志这种研究方法的结构与嵌入自己项目中而制作归纳总结（图 3.2）。

感官人种志有三个原则，分别是具身性、多感官性和置身性。体现就是要解构心灵或身体的概念，解释心灵不仅仅是作为活动和经验的媒介。与任何传统的方法论相比，感官人种志方法强调体验更多的是体现，这是由于要求通过一个人的整个身体体验来学习和认识，这一点在各民族志学科的方法论文章中得到了认可。Pink 认为，感官人种志的中心是体验、认识和安置身体。民族志实践使我们与他人的多感官体位参与（通过探索他们的理解或参与活动的部分言语）。

根据 Cytowic 的观点，“五种感官并不是沿着独立的渠道旅行，而是相互作用，其程度在十年前很少有科学家会相信。”在进行感官民族志研究时，考虑到感官之间的相互联系，可以帮助研究者很容易地将研究参与者的经验和他们的互动联系起来。Pink 举了一个例子，说明她如何考察她的一个研究参与者对泥土的体验。她不断询问参与者在他的体验中的多感官性，并试图了解她的研究参与者是如何体验泥土的。

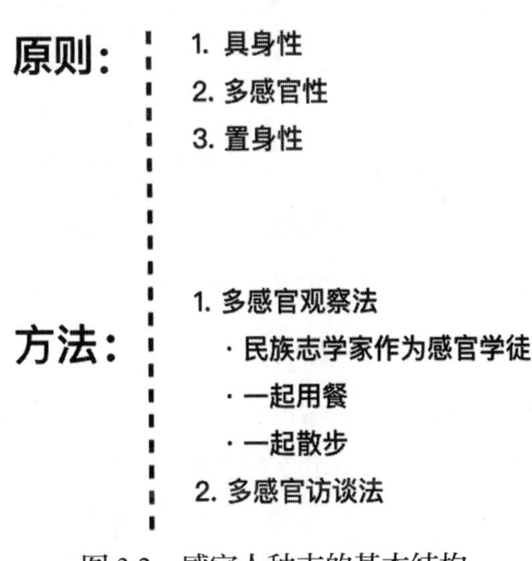

图 3.2 感官人种志的基本结构

Pink 建议进一步研究地方研究与感官之间的联系，研究地方概念如何为重新思考民族志程序提供一个结构。她对最新的主要哲学、人类学、民族学提出质疑，以发展这种框架。出发点是人类学文献对空间假设的批判，这与对民族志程序和实践的重新思考有关。她后来考虑了场所现象学如何协助研究者理解这些民族志活动。

简而言之，为了建立研究者与视障人士之间的共鸣，可以通过体验、多感官性和地方性来建立研究者与视障者之间的对应关系。在实践中，这意味着与视障人士一起用餐、散步，自发地体验他们的日常生活。移情设计和感官人种学使研究者能够激发新的想法，发现潜在的需求。另外一点是，它们能帮助研究者更加关注个体和行为。

3.2　次级研究

次级研究是指从现有的研究中收集和综合的数据，而不是通过对被试者进行初级研究而获得的原始材料。本项目中的次级研究材料包括背景研究、文献综述和产品综述。虽然以人为本的设计通常意味着对目标利益相关者进行初级研究，但次级研究也是研究的重要组成部分，它可以收集比较数据，了解哪些已经做了，哪些还没有做，并协助提供一个可以在当前研究中利用的研究方向。次级研究作为一种成本相对较低的方法，尽管它可能会很耗时，但还是很有价值的。

3.2.1　背景研究

背景研究的目的是全面了解视障人士的情况，例如他们的日常生活、他们的愿望和他们所面临的挑战，并获得共同的语言。与此同时，背景研究可以发现一些启发性的观点和机会，这有助于界定这个项目。如前所述，特别是在共情设计研究中，共同语言是必不可少的技术之一。共同语言为所有的使用者提供了一个焦点，并建立在个人之间关系的协同作用上。通过从已有文本记录中获取知识，采访专家和利益相关者，以及观察特定区域来理解他们相应的背景知识，更好地拥有共同语言。

3.2.1.1　访谈

根据 Spradley 的观点，访谈对于大多数设计研究来说都是至关重要的，因为它们能够对人们的行为进行丰富而深入的观察。它们经常被采用来研究个人对所提供的主题的看法，而不是通过采访他们。为了了解如何教育视障人士学会独立生活，于 2017 年 2 月在香港一所为视障人士而设的独特学校——心光盲人院暨学校进行了访谈和观察（图 3.3）。进行了个别访谈和专家访谈。与专家交谈可以提供一个有价值的视角，从系统层面看待项目区。采访了校长、社工、体育老师和信息技术老师。为了不限制他们的回答，问题都是开放性问题，如下：

（1）请你介绍一下自己好吗？

（2）您在教学中有没有什么困难？

（3）你能告诉我学生最好玩的时刻吗？

（4）你能告诉我学生最无趣的时刻吗?

（5）能否告诉我关于视力障碍的五个关键问题?

所有访谈都采用动态交流的方式，而不是照本宣科完全严格按照采访问题的顺序进行。

图 3.3　心光盲人院暨学校

3.2.1.2　观察

除了访谈之外，还通过进行不引人注意的措施和“隐匿”的观察（Fly-on-the-wall），观察视障学生在心光盲人院暨学校的工作和生活情况。不引人注意的方法是在不与参与者直接互动的情况下，通过观察、非反应性的物理痕迹和档案来获取信息。首先，进行了不显眼的措施，包括在整个学校周围走动、观察、拍照和做笔记。观察范围包括不同的楼层、操场和空置的教室。社工陪同并展示了工具和其他必知的技巧。在观察过程中，社工对提出的各种问题进行了解答。当学生在教室里上课或考试时，站在教室外透过窗户观察，之所以选择“隐匿”的观察，是因为它能让研究者通过观察和倾听，在不干扰被观察的个人或行为的情况下，不引人注意地获取信息。

3.2.1.3　共情体验练习

共情体验练习指的是研究人员完成日常任务，为他们提供发展更多见解的

机会，缩小研究人员与残疾人之间的差距。对于从未经历过这种障碍的研究人员来说，共情体验练习是必要的，可以让他们与视力障碍者共享同一页。事实上，在参加模拟练习之前，视力正常的人都无法想象没有视力的生活，本研究中的共情体验练习分三个阶段进行：室内模拟、室外练习和完全沉浸在名为“黑暗中的对话”的黑暗环境中活动。室内模拟和室外练习都是用录像带录制的。看完录像后进行共情体验练习，并写下所有的想法。

在第一阶段，体验者在办公室和家里都用眼罩蒙住眼睛，尝试像往常一样做几件日常工作，如从饮水机取水、用 iPhone 播放音乐和上厕所。体验者必须非常缓慢地移动，并使用白色手杖，这是一种为视障人士设计的特殊工具，用于扫描周围的障碍物，以防止体验者撞到房间里的物体。然而，在没有向导的情况下，体验者很难进入厕所。

在第二阶段，体验者进一步体验了视障人士所面临的困难。在这方面，体验者需要一个向导来保护以免发生危险。香港盲人辅导会有一位低视力的社工，她告诉体验者，要遮住眼睛，才可避免危险。她叫体验者遮住眼睛，模拟视力受损，而她作为一个低视力人士，则为体验者做向导。共同从香港盲人协会步行到地铁站。虽然体验者遮住了眼睛，但体验者还是要面对几个挑战，尤其是楼梯。即使她扶着体验者的手臂，体验者也觉得不安全。她尝试向体验者解释盲人如何导航，例如通过触摸静止的物体来识别方向。第三阶段，体验者参加了在中国深圳举办的“黑暗中对话”沉浸体验活动。“黑暗中的对话”是一家最初来自德国的社会企业，由海涅克于 1988 年创立。它致力于通过可持续的商业模式，在公众中倡导平等。体验的开始是体验者手握一根白色的手杖，慢慢地走入彻底的黑暗中。在黑暗中，体验者遇到了向导 Petty，她将照顾体验者一个小时，体验者只用四种感官努力寻找方向。体验者握着白手杖经历了日常生活中的不同场景，比如在交通繁忙的时候过马路，在市场上买蔬菜和水果。在黑暗的旅途中，有很多东西需要在看不见的情况下辨认。体验者甚至需要在黑暗中写一张明信片，找到邮箱寄出去。在旅程的最后，体验者坐在一个黑暗的酒吧里喝了一些饮料。其中一个参与者问导游，她是否因为戴了夜视镜，所以在黑暗中导航很好。导游告诉体验者，她没有戴夜视镜，因为她有视觉障碍，很容易找到路。

这些模拟对体验者来说，是一次启蒙的经历。体验者不仅能感受到眼前的挫折，还能感受到他们的能力、恐惧、局限、希望、理智和目标。总而言之，共鸣练习协助体验者理解了在日常生活中无法看到和依靠向导的感觉。体验者意识到在黑暗中，看不见的前提下，开始努力地使用其他感官，更敏锐地意识到来自其他感官的信息潜力。

3.2.2 文献回顾

作者进行了一次文献回顾，以了解与视觉障碍和游戏化相关的术语，并确定一个实证方法来回答研究问题。根据关键词：游戏化、视障人士和用户体验设计，作者在 Google Scholar 和香港理工大学提供的 One Search Platform 上搜索文献。先查看引用率最高的论文，然后查看相关的参考文献。查阅了 1997—2018 年过去 20 年内出版的书籍、报告、期刊、文献综述和教科书（全球和本地数据）。最后，将它们主要分为以下几组：体验、体验设计、游戏化、动机、情感、旅游业中的游戏化、口述影像、辅助技术、针对视障人士辅助技术以及现有移动应用。

3.2.3 产品综述

先回顾了现有的为视障人士设计的移动应用程序，并总结了这些程序的优点和缺点，为自己的设计提供了一些启示。询问了至少 20 位来自美国、中国大陆和香港的视障人士，他们认为最有用或最好玩的应用是什么。还询问到他们认为哪些应用应该得到更好的提升。随后在 Apple Store 下载了他们提到的应用程式。最重要的是，这些项目是由不同地区提供的，所以必须切换不同的苹果账号才能下载。他们大部分应用都是免费的，只下载了免费版的应用。还制作了一个 Excel 表格，记下它们的详细信息，比如年份、国家、公司、价格和评论。在下载了这些应用程序后，开始尝试使用“VoiceOver”功能。作者主要从应用所解决的痛点、用户界面、无障碍性和用户体验四个方面对每一款应用进行了评测和评估。

3.3　初级研究：通过设计实践而研究

Frayling 区分了三种类型的设计研究。为设计而研究、对设计的研究和通过设计实践而研究。“为设计而研究”侧重于协助、发展和指导设计实践。研究者记录程序，并将专业设计师，以及他们的实践作为研究对象。“对设计的研究”是最常见的形式，旨在研究设计的对象、历史和设计现象等一门科学学科。“通过设计实践而研究”是由设计过程本身建立起来的，包括材料研究、开发工作以及沟通设计的阶段、原型、迭代等主要行为。本书强调了“通过设计实践而研究”，又可称为“建设性设计研究”方法论，因为这种方法“允许交互设计师根据自己的设计能力在解决受限问题时做出研究贡献”。

Fallman 评价说，交互设计研究者应该以设计者的身份参与设计和构建原型，心中要有一个合适的研究问题，以确定研究贡献。这是因为以设计为导向的研究可以针对隐性知识以及与讨论和批评相关的能力，最后形成最终的原型。通过设计实践进行研究，作为交互设计的一种方式，在设计过程中整合了理论基础与技术专长。设计领域的学者们已经指出了学术界设计方法的发展和最终在实践中采用之间存在的差距。在过去的几年里，人机交互领域对此进行了广泛的研究。作者在设计学院接受了作为设计师的专业培训，并在设计公司工作了几年。对这个项目的设想是，充分运用自己在设计方面的技能，以务实的方式积累知识，支持设计实践。此外，作者的目标是应用自己设计特长来促进和验证相关假设。为有特殊需求的人设计应用程序，需要仔细考虑所需的大量“无障碍”功能。本书不仅提供了这些内容，而且在最终的设计中也采用了这些内容，对实际用户和真实内容进行测试，更具有实用性和可验证性。值得注意的是，通过设计方法进行研究，与常规设计项目中的研究非常相似。但是，目标是不同的。关于设计方法论的研究，目标是知识和理解，而不是作品本身。此外，对过程的记录是采用这种方法的研究者的主要关注点。

3.3.1　实地研究

研究 1 在香港招募了 4 名视障人士，在广州招募了 5 名视障人士。研究 2 同样在香港招募了 4 名视障人士，在广州招募了 5 名视障人士，他们都是 iPhone 的使用者。实地研究采用访谈、观察、直接故事叙事法、多感官参与者观察等方法进行。研究 1 和研究 2 的目的是为了详细了解他们的日常生活、出行经验、一般需求以及对视障人士应用设计的特殊需求。小样本可以把精力完全集中在深度访谈上，而不是一味地追求受访者的数量而无法获得详细的信息。正如 Baker 和 Edwards 所强调的，“小样本可以产生具有深度和意义的研究，这取决于最初和出现的研究问题，以及研究者如何进行研究和构建分析。”不试图模仿定量的代表性理由，而是要获得彻底的定性见解。本书主要关注个人和行为的细节，而不是一般的人口统计学。18 位参与者为研究者提供了足够的洞察力，让作者对他们的日常生活、旅行经验、一般需求以及视障人士对应用设计的特殊需求有所了解。这些见解达到了“饱和”，即新的数据收集预计不会产生任何实质性的新东西，而且观点的范围似乎已经很好地覆盖了。

3.3.1.1 访谈

第一项研究在广州和香港进行了观察、访谈和直接故事叙事法（图 3.4）。他们是 5 名视障人士，3 男 2 女，年龄为 20 ～ 50 岁。

招募参与者可以说是这个项目最具挑战性的部分之一。因为视障人士是一个特殊的群体，所以作者不可能把研究参与者的招募工作直接贴在学校的信息墙上。因此，在本次研究中采用了滚雪球抽样的策略。滚雪球抽样是指研究者通过其他受访者获取受访者。在广州的招募过程中，首先从作者的一个朋友开始，她在广东工业大学社会工作系工作。然后她将作者介绍给盲人协会的一位高层理事，在他的帮助下在广州招聘视障人士。

2017 年 5 月 7 日，在广州某按摩店面试了对象 A，对象 A 在按摩店工作。2017 年 5 月 7 日，在广州某广场采访了对象 B，对象 B 在广州大学做图书管理员。2017 年 5 月 7 日，在广州某花园采访了对象 C。全天采访持续了 6 个小时，从上午 9 点到下午 3 点，分三个部分进行。每场深度面试持续一个半小时。

在香港的招募过程中，首先向香港政府支持的最大的为视障人士服务的机构——香港失明人协进会写了一封请求邮件，并致电给他们，香港失明人协进会的一位传讯主任安排了 4 位视障人士到社区参加深度访问。此外，作者亦以

义工身份参加了多个活动，不但与目标使用者接触，更从参与活动中获得知识。2017年5月8日，在香港失明人协进会的会议室分别对对象D和对象E进行了访谈。2017年5月23日，在香港失明人协进会的图书馆对对象F和对象G进行了单独访谈。

图3.4　研究1——访谈观察和直接故事叙事法

3.3.1.2　观察

在香港失明人协进会进行了一次“隐匿”的观察，主要是在科技设备展示室和图书馆。“隐匿”的观察能让研究者在不直接干扰或不参与被观察者的行为的情况下，以不显眼的方式收集资料。“隐匿”的观察不同于参与式观察等其他类型的观察研究方法，因为它有意使研究者不直接参与研究中的人或活动。在科技设备展示室里，有几种辅助工具正在展示，并有详细的说明。通过观察图书馆里的视障人士，了解他们的行为以及他们在闲暇时间可以做什么。这种方法在研究者与参与者的直接互动方面受到限制，但为研究一个新的群体提供了一个合适的起点。在研究的初期，首要任务是观察，并注重记录。

3.3.1.3　直接故事叙事法

直接故事叙事法使研究者能够轻松地从受访者那里收集到丰富的经验数据，在访谈中应用大量的提示性和框架性问题。在访谈过程中，其中一个技巧是鼓励受访者直接分享他们的故事。不断地以提示性的问题开始提问，比如：“给我讲讲你上一次关于……的故事吧。”“告诉我一个关于你上次……的故事。”为了保证谈话的顺利进行，与被访者一起吃饭、散步是非常有帮助的，因为这可以帮助研究者提出问题，也可以帮助被访者自然地回忆起他们的往事。这种方法对于了解目标群体的实际生活，尤其是不熟悉的对象，非常有用。此外，讲故事的方式让被采访者感到轻松，让他们觉得好像是在和研究者闲聊。

3.3.1.4 多感官参与者观察

一般传统人种学方法是参与者观察和访谈。这些传统的民族志方法在这个项目的实施过程中可能不合适、不实用。因此，Pink 建议研究者重新思考参与观察和访谈两种方法。

在一定程度上，根据民族志的基本定义，多感官参与和原始参与观察没有区别。但是，多感官参与增加了欣赏和参与参与者的新元素。重新思考参与者观察就是要从参与者观察转向多感官参与。

多感官参与构成了传统民族志方法的基本转变，传统民族志方法往往坚持“视觉是理解的主要模式”。相反，它建立在现象学争议的基础上，即经验是多感官的，既不被视觉所支配，也不能还原为视觉。Pink 认为，民族志远远超出了观察实践的范畴，涉及移位的、感觉的、体现的和移情的因素。

在多感官参与中，有三种创新方法：

（1）民族志学者作为感觉学徒。

（2）偕行。

（3）与用户同吃、同感。

民族志学者作为感觉学徒是感官人种学文献中讨论最多的方法之一。学徒需要参与实践和认同。它包含了对学习过程的重新思考和自我意识，在感觉经验、哲学、道德和其他价值讨论之间建立联系，并将这些与学术研究联系起来。民族志学者采用了不同的学徒参与方式和记录学徒经历的方式，包括视觉方法。

（1）民族志学者与参与者一起用餐。

David Sutton 举了一个共同进餐法的例子。他在卡利姆诺斯（希腊）调查时，当地人一再告诉他“吃吧，要记住卡利姆诺斯”。随着时间的推移，萨顿意识到，正如他所说的那样。“他们告诉我用吃这个短暂而重复的行为作为媒介，来进行

更持久的记忆行为，事实上，他们是在告诉我，要像一个卡利姆诺斯人那样行事”，因为在这个特定的文化背景下，食物形成了一种基本的食物、质地和质地之间的关系。食物、质地和味道与记忆之间的关系，对于感官人种志学者来说，有两个方面是至关重要的。首先，当研究者试图了解他人的记忆时，分享这些记忆所蕴含的味道可以作为回忆的起点。其次，味道记忆是我们传记的一部分。

（2）民族志学者与参与者一起行走。

民族志学者早就承认，与他人同行意味着与他们分享自己的脚步、风格和节奏，与他们产生共鸣或归属感。Pink 强调了相遇在做感官人种志时的重要性。事实上，在 20 世纪的一些经典民族志中，已经形成了民族志学者如何与研究参与者和谐行走或奔跑的例子。最近，对行走在民族志中的作用进行了更系统的审视，并对行走的民族志进行了关注。此外，这项工作还认识到了行走的多感官性。

（3）多感官访谈。

重新思考访谈是关于将访谈视为一种多感官事件，并作为探究感官类别的一种方式。传统的方法侧重于视觉，而访谈则侧重于交谈，将访谈概念化为一种对话。然而，感官人种志方法将访谈重新思考为一种多感官的相遇，并作为特定环境的一部分。谈话和对话仍然是值得关注的，但这些都是位于地方生态和体现的实践中。

Pink 对传统访谈和多感官访谈进行了比较，它有两个主要的变化。首先，Pink 将多感官访谈重构为一种置入式的认识情境，并将其视为一种多感官事件。其次，研究者通过访谈将体现他们如何传达自己的思想、行为、价值观等。尽管在访谈中，说话显然是必不可少的，但多感官访谈不仅仅是说话，它还需要人们运用其他感官材料，包括触摸、身体接触、声音、气味和味道（如提供给研究者食物或饮料让他们品尝）。Pink 指出，使用视频和短片以及其他艺术实践来呈现，使民族学者对参与者有了更生动、更具体的了解。

有一个例子，说明 Pink 如何在人机交互领域开发出一种根植于感官民族学的方法，以了解人们在家中如何以及为什么使用能源。视频参观是感官民族学的一个重要策略：一个无形的概念无法被描述，但可以作为一种感官体验被重新演绎。在视频参观过程中，人们关注的是“舒适”，这往往与达到适当温度的概念有关。在进行感官民族学研究后，Pink 发现，舒适感并不直接与温度相关，而是与一种放松感相关，比如周末晚上洗澡、穿上睡衣、躺在床上等。最后，他们设计了一款应用，将默认的家庭温度设置为 18℃。当用户感觉到冷，想通过这个应用把暖气开大，应用就会弹出通知，只要拿一条舒适的毯子保暖就可以了。这是一个数字干预的调整方式，他们的家感觉舒适。同时，这种干预可以节约能源。

笔者在香港盲人辅导会采用了深入的多感官参与者观察和半结构性访谈。通过视障人士在真实环境中的参与，进行感官观察。此外，还试图了解他们的生活环境和日常活动。这个过程包括物质、数码、社会和无形的层面。多感官参与，从质地和声音到意想不到的气味和意想不到的感官体验，可以增强研究者对本研究目标用户的同理心。研究者向参与者提出了有关他们的感受、意见以及使用身体和感官的不同方式的问题。

此外，笔者还观察了参与者一起进行的活动，如散步、吃饭、在自然情景中感知五感体验，而不是在受控的环境中，在研究程序中拍摄视频，使研究者能够调查物质和感官质量。在视频参观过程中，鼓励参与者表达和展示他们如何利用多种感官，利用各种材料作为道具和提示，探索一个新的地点。某些参与者会以多感官的方式实际感受、感知和参与周围环境中的物体，以此来倡导他们的感官特质，同时参与语言决策程序以及解释它们的含义。视频将鼓励参与者利用他们的整个身体，通过这些行为来展示他们的多感官体验。与传统的民族志只通过文字来表现研究结果相比，感官人种志的表述不仅面向学术界，也面向公众受众。传播感官民族学成果的新实践正在出现，这些实践有时采取学术写作、民族志电影制作或与艺术家合作的形式。产出已经从文本转向视频、摄影和艺术。因此，研究者将考虑，作为一个设计师，如何最好地利用设计技能来展示这项研究的结果。

研究 2 采用了多感官参与者观察和直接叙述故事法的方法，在广州和香港的餐厅进行（图 3.5）。招聘方法与研究 1 相同。访问对象为 5 位视障人士，3 男 2 女，年龄为 20 ～ 50 岁，每次深入访问时间约为一个半小时，在广州和香港都与被访者共进晚餐。

图 3.5 研究 2——访谈观察和直接故事叙事法

3.3.1.5 道德伦理问题

由于受试者为视障人士，因此慎重考虑伦理问题是最重要的。人类受试者伦理申请书（附录 3）于 2016 年 10 月 17 日经理大设计系研究委员会主席批准。在大多数研究中，需要有一个助手来拍摄访谈视频，这样可以让研究者充分参与。在每次访谈开始前，研究者都会用广东话大声朗读信息表（附录 4）和同意书（附录 5），以表明他们的权利。资料表包括以下事项：

（1）调查员的信息和联系方式。

（2）将采取的程序。

（3）时间长短。

（4）对参与者可能存在的风险（本研究无）。

（5）潜在的好处。

（6）自愿参与。

（7）他们以任何方式拒绝回答任何问题或行动的权利。

同意书包含以下信息：

（1）如何确保其参与的匿名性和保密性。

（2）如何利用这些数据。

所有参与者都被邀请签署知情同意书，解释研究的目的，并保证如果他们的经历在以后的出版物中被报道，他们将被保密。由于受试者在需要签字时看不到表格，所以把数字版的表格发到他们的邮箱里，他们找自己的家人或视力正常的朋友帮他们检查表格。然后，他们把表格打印出来，加上他们的签名，然后把表格返回。大多数时候，访谈中至少有一名社工，以确保访谈正常进行。每位参与者根据他们所消耗的时间获得一定数量的超市优惠券。笔者在那里进行观察和拍照之前，笔者向心光盲人院暨学校的校长承诺，绝对不会在公众场合暴露孩子们的脸。在心光盲人院暨学校进行观察时，由于心光盲人院暨学校的学生的听觉非常敏感，所以有一些需要考虑的事项，比如笔者必须穿上无噪声的鞋子。另外，在进行访谈或观察时，绝对不能涂抹香水，因为研究对象的感官是很细腻敏感的。另外，在进行研究时，参与者总是很准时，甚至至少提前 10 分钟到达。当问及他们为何会这么准时时，他们表示由于自己有残疾，所以会提早离家，以确保自己不会迟到。所以，"准时"最好是牢记在心。由于最终的应用设计需要用户在应用平台中输入自己的信息，所以数据隐私是另一个需要仔细考虑的关键问题。在向苹果商店提交应用的同时，也提交了一份隐私政策协议。

3.3.1.6 主题分析

定性分析数据的分析方法主要有：主题分析、基础理论、话语分析和对话分析等。定性方法尤其是微妙的、合成的、多样的。对这个项目进行了主题分析，因为主题分析是定性分析的一种基础性、帮助性和灵活性的方法。

主题分析是一种数据分析方法，用于系统地识别、组织和提供见解，以及定性原始数据中的意义模式（主题）。主题分析通过关注数据集中的意义，协助研究者识别出一个主题被书写或谈论的方式所共有的独特而具体的意义和经验。数据中的主题或模式可以通过演绎法"自上而下"的方式，或以归纳法"自下而上"的方式进行主题分析（图 3.6）两种主要方法之一来识别。归纳法是指通过数据分析来检验数据是否符合研究者之前确定或构建的理论和假设。归纳法是指主要采用对原始数据的解释，由研究者得出观点、模型和主题的分析方法。这种对归纳分析的理解进一步支持了 Strauss 和 Corbin 的说法：研究者从一个研究领域开始，让理论从数据中产生。

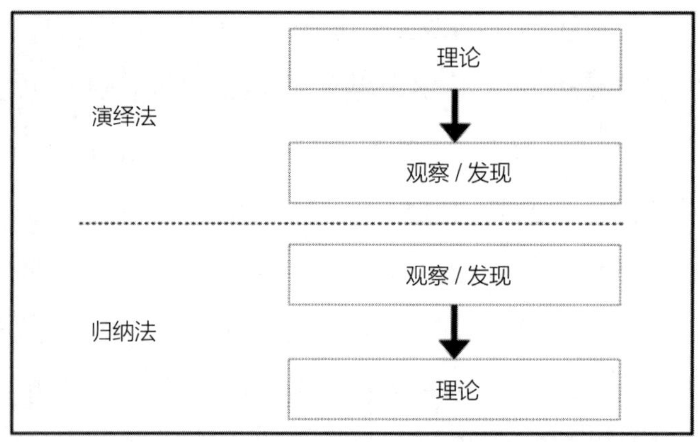

图 3.6　演绎法和归纳法

许多研究采用了演绎法和归纳法相结合的方法。全面的主题分析可以确保对数据的解释符合理论基础。本研究采用了主题分析法与归纳分析法，这使得研究者可以将这两种方法用于探索性研究，而进行的是演绎法，清楚地知道笔者感兴趣的是什么，比如积极的情绪、体验设计和任何与提升视障人士心理体验有关的东西。按照 Braun 和 Clarke 概述的六个步骤进行，具体如下：

（1）第 1 阶段：整理和誊写数据。

（2）第 2 阶段：生成初始代码。

（3）第 3 阶段：寻找主题。

（4）第 4 阶段：审查潜在主题。

（5）第 5 阶段：确定主题和命名。

（6）第 6 阶段：编写报告。

第 1 阶段是整理和誊写数据。访谈的录音文件是广东话，随后被翻译成英文，然后把所有的记录、笔记和照片上传到定性研究的电脑程序 ATLAS.ti 中。ATLAS.ti 是一个定性分析电脑软件，可以用来对笔录和田野笔记进行编码和分析，并创建网络图。然后第 2 ～ 5 阶段是关于编码过程。Creswell 说明了定性研究中编码过程的模型，如图 3.7 所示。

在对他们的答案进行整理和分析后，将其归纳为几个类别中出现的主题。从原始文本中摘录的内容说明了类别的含义。这些类别包括态度作为愿望、训练、感官补偿、兴趣、日常生活中的困难、无障碍问题、设计灵感和应用设计。简

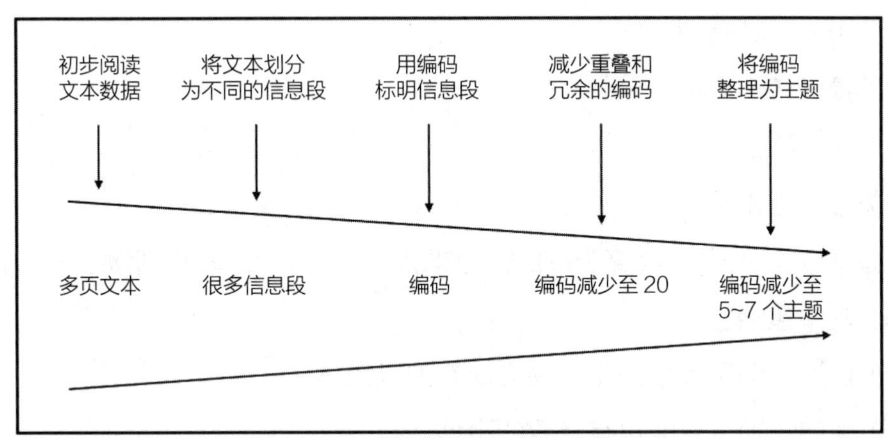

图 3.7　定性研究中编码过程的视觉化

而言之，主题分析包括搜索一个数据集——无论是几个访谈或观察，还是一份备忘录清单——以确定意义的重叠模式。在第 6 阶段，研究者编写报告，解释和总结研究结果，使数据有意义。研究结果报告可以包括研究者的个人思考和与文献的比较。研究结果中的总结类别作为主标题，具体类别作为副标题。研究结果中还包括对类别的详细描述，并适当引用文中的内容来描述类别的含义。访谈中产生了重要的见解，可用于最终的应用程序设计。初步研究有助于确定主要研究的研究范围和重点。

3.3.2　敏捷应用开发

如前所述，本研究采用了通过实践设计研究的方法来开发一款应用来验证研究假设。本研究中采用了敏捷应用开发策略。敏捷应用开发是一种处理开发应用中涉及的复杂问题的方法论。敏捷移动应用开发是所有应用开发企业最有效的方法之一；它确保了有效的沟通，从而协助应用开发者和利益相关者建立理想的移动应用。研究者遵循《敏捷软件开发宣言》中的四项基本价值和 12 项原则，《敏捷软件开发宣言》是敏捷联盟提出的敏捷宣言中的编程开发重述指南。敏捷方法更强调软件工程中人的方面，而不是视角过程，因此采用的是人与人之间的交互，而不是实现和过程。敏捷宣言为所有单独的敏捷方法论制定了一系列标准的原则和价值观。它确定了确保效率和高性能成果的四个关键意义：

（1）个人及其互动。

（2）提供工作应用。

（3）客户的合作。

（4）应对变化。

这些基本原则是由12条原则进一步发展起来的，这些原则激发了敏捷宣言的灵感，其中包括：

（1）通过早期和频繁的交付来实现客户满意度。

（2）即使在项目后期也有修改的余地。

（3）交付周期短（例如，每几周一次）。

（4）开发人员与业务人员之间的合作。

（5）个人的积极性。

（6）面对面的交流。

（7）工作软件是衡量进展的主要标准。

（8）促进可持续发展步伐。

（9）持续关注卓越的技术和精湛的设计。

（10）简洁性。

（11）自我组织以获得最佳效果。

（12）自我提升。

以上12条原则指导了应用程序开发。在定性研究数据收集后，提出了应用程序的功能，并在一开始就勾画出了原型。为了将应用打磨得更好，研究者总是将它展示给用户，包括视障人士、相关领域的专家和交互设计师，以获得他们的建议并与他们一起测试。

在整个开发过程中，本研究根据国际指南和中国香港本地指南测试了所有的无障碍功能，并提出了进一步的修改建议。作者的专长是设计交互和体验，重点是前端开发。在这个项目中，作者作为研究者和设计者，将应用开发外包给外部人员，一位iOS开发专家，他带着自己的技术、背景和编码方法进入项目。虽然在之前的项目中，作者有过与移动开发者紧密合作的经验，但从零开始开发一个涉及原生iOS开发并充分考虑到无障碍性的应用，是一种截然不同的新体验。

尽管合作的程序员有着丰富的 iOS 应用开发经验，但在开发 iOS 应用时充分考虑无障碍功能也是第一次。值得描述的是研究者与外部开发者之间的合作，成为设计项目的一部分。在开发之初，作为研究者，将研究结果与开发者分享，让它更好地理解用户的需求。作为界面和体验设计师，研究者向开发者解释了设计文件，协助他进行应用功能的编程。然后，研究者协助收集和阅读了国际和本地开发 iOS 应用的所有必备指南，并与开发者分享。这个学习过程至关重要，因为它使作者能够与开发者进行有效的沟通。邀请终端用户对应用进行测试的迭代开发过程，使作者能够发现潜在的错误，并更好地增强无障碍功能。同时，应用测试也让作者能够用详细的例子记录下所有模棱两可的指南。当研究人员和开发者利用他的手艺制作数字“工艺品”时，他们之间进行了沟通和协商。多亏了之前开发应用的经验，研究者可以很容易地与iOS开发者进行沟通。在迭代开发的过程中，研究者把包含所有开发细节信息的产品需求文档前后发给了开发者，作者根据应用用户测试的反馈，修改了应用中的每一个细节。在写产品需求文档的时候，研究者都会把原因和重要性解释清楚，让开发者明白问题所在。在本次研究中，开发的 App 几乎满足了目标群体的所有无障碍要求。除了完全可以使用的应用程序，最重要的是该应用程序在苹果商店中发布，进一步将这项研究推向了另一个阶段，这意味着真实的用户可以使用真实的内容。这个项目也显示了数字设计如何作为大学研究产出与产业界的合作，从中可以有机地产生研究和开发的“技术”。

3.3.2.1 用户旅程地图

用户旅程地图提供了用户与产品或服务互动时的体验的可视化。为了构建一个“旅程”，一个关于用户体验的引人入胜的故事，用户与服务互动的接触点被普遍应用。这个故事以一种高度可感的方式阐述了他们的服务互动和伴随的情感，以至于每一个时刻都可以被单独评估和改进。用户旅程地图描述了一个关于个人的行动、认知、感受和心境的故事，包括中性、积极和消极的时刻。通过分析个体所经历的故事和互动列表，用户旅程地图可以将研究者或设计者的关注点从操作角度转移到服务和产品在现实生活中被采用的更大环境中。它还

可以区分出那些能引起强烈情感的时刻，并进行重新设计和改进。用户旅程地图可以帮助发展一个共同的愿景，即如何更有效地增强现有用户在实际交互环境中的行为。本研究的用户旅程地图将在第 5.1 节中阐述。

3.3.2.2　参与式设计

Martin 和 Hanington 坚持认为，“参与式设计”是一种以人为本的方法，在研究和设计过程的所有步骤中，包括共同设计活动中，促进利益相关者和用户的积极参与。

基于前期研究得出的结论，研究者努力设计出适合视障用户的出行应用功能。为了更好地设计该应用，研究者在 2017 年 12 月采用了深度访谈和参与式设计的方法，对香港失明人协进会的三位视障人士进行了访谈（图 3.8）。服务视障人士的主要机构有两个：一个是香港失明人协进会，是香港首个由视障人士组织和管理的自助团体；另一个是香港失明人协进会。因此，研究者决定联系他们在那里进行研究。研究者直接给该组织打电话，招募参与者。香港盲人辅导会的一位项目经理根据研究者的要求，协助寻找合适的参加者。这三位视障人士都在香港失明人协进会工作，而且都是高学历人士。他们的专长是科技、定向移动训练和旅游策划。由于他们不仅是目标使用者，而且也有服务视障人

图 3.8　参与式设计

士的经验，所以研究者可以从他们的双重角色中得到更好的效益。他们的专业性有助于研究者在参与式设计中获得更好的想法。在参与式设计过程的一开始，研究者就解释了调查的目的，并让每个参与者签署了匿名和保密的同意书。在深度访谈和参与式设计环节中，研究者询问了他们对这款应用应该包含哪些功能的想法。还向他们展示了一些与旅游移动应用中游戏化元素相关的功能，鼓励他们给予反馈和建议。由于所有参与者都非常了解对方，所以他们在讨论中感到非常舒服。三位受访者之间的互动表明，他们可以互相帮助，产生新的想法。

3.3.2.3　探索性设计工作坊

2019 年 3 月，与 10 名设计领域的博士生进行了为期 2 小时的探索性设计工作坊（图 3.9）。这 10 名博士生分别来自游戏设计、城市设计、交互设计、服务设计等不同设计领域。由于出行体验设计涉及不同的设计领域，所以不同设计领域的知识可以为本次研究提供帮助。工作坊可以看作是一次头脑风暴的实践。探索性工作坊没有让目标视障用户参与，因为很难管理他们，也很难保证两个群体的意见一致。而由于视障人士的要求和见解是在之前的背景研究和实地调研中收集到的，所以他们的要求和选取的语录都在工作坊中提出。设计工作坊的目标是提出各种关于旅游体验应用的创意功能和想法。在设计工作坊开始时，研究者做了简短的介绍。这包括目标、背景、视障人士的愿望、游戏化技术，如定义、例子和模型（约半小时）。然后，10 名设计师被分成几个小组，每组有 2 ～ 3 人。他们按照游戏化的设计模型，提出了几个想法（约半小时）。最后，每个小组提出自己的想法，并在所有参与者之间进行讨论（大约 1 个小时）。本次设计研讨会的成果是非常有价值和有成效的。游戏设计师分享了游戏机制的知识，城市设计师分享了他们关于“城市漫步”和空间环境与视障人士如何互动的想法。交互设计师为应用体验设计贡献了自己的知识。最后，服务设计师将自己的精力投入到服务设计中，从整体上了解系统在利益相关者和周围元素之间的运作情况。从探索性设计研讨会产生的想法可以在图 3.10 中看到。

图 3.9　探索性设计工作坊

图 3.10　探索性设计工作坊产生的想法

3.3.2.4　迭代设计

通过原型设计和测试的迭代方法，研究者和参与者一起探索了不同的可选设计，而没有设计完美界面的压力。由于一系列的测试在设计过程中起着至关重要的作用，设计师们希望他们的设计能够不断地发展。这对设计师有两点好处：第一，设计师没有花太多时间在开发早期版本的完美上；第二，测试和迭代的时间在早期阶段就被纳入了项目时间表。

可用性测试使开发团队能够进行现场改进，以最大限度地获得用户反馈。这种方法也为研究人员提供了进行可用性测试的机会，之后根据反馈及时修改设计。在测试过程中加强设计，可以让设计师在短时间内获得更多的反馈。设计师在修改设计时，可以迅速知道是否可行。这个过程有利于设计师密切关注获得更多正面反馈的布局。利用“大声思考”的方法来进行用户测试。爱立信和西蒙首次提出了“大声思考”的方法，作为鼓励用户在进行交互测试时的反馈、意见和实际反应的一种手段。用户在测试过程中或测试后被要求“大声思考”。它可以进行了解用户的“自然行为”。

在迭代设计的过程中，研究者不仅向利益相关者展示应用设计，还向相关专家展示应用设计，同时进行专家访谈。通过专家访谈，收获了宝贵的反馈意见，访谈的专家对本研究提出了整体性的看法，并提供了组织的观点，例如NGO和社会企业。特别是，在社会企业工作的官员鼓励研究者考虑App的商业模式。参与研究的部分专家如图3.11所示。表3.1显示了研究者采访的专家名单。

图3.11　专家访谈

表 3.1　　专家访谈名单

被访问者	机　构	职　业	地　点
E01	香港失明人协进会	SESAMI 创始人	香港
E02	心光盲人院暨学校	校长	香港
E03	心光盲人院暨学校	社工	香港
E04	心光盲人院暨学校	副校长	香港
E05	心光盲人院暨学校	信息技术 / 定向专家	香港
E06	iSEE 手机应用程式	创始人	香港
E07	Beyond Vision Projects	创始人	香港
E08	媒体与科技，帕森斯学院	游戏设计教授	纽约
E09	海伦凯勒服务中心	辅助工具专家	纽约
E10	海伦凯勒服务中心	首席信息技术顾问	纽约
E11	香港失明人协进会	首席执行官	香港
E12	黑暗中对话	首席执行官	香港
E13	知更鸟无障碍出行	创始人	广州
E14	盲人工厂	经理	香港
E15	香港口述影像协会	CEO & 负责人	香港

3.4　本章小结

在第一部分，讨论了共情设计研究，其中涉及文献回顾和研究中的共情体验练习。在本研究的最开始阶段，作者就进行了不同的共情研究策略，因为共情练习是关于发现问题而不是寻求解决方案的。然后，在共情设计研究的基础上，解决了感官人种志方法。并对数据收集，包括背景调查和研究进行了说明，随后进行了数据分析。随着对视力障碍者的深入了解，共情设计研究和感官人种志等方法可以帮助研究者抛开先入为主的思维。

第 4 章　对目标受众的洞察

在介绍了研究设计的三种方法后，本章重点介绍前两种方法，即二次研究和实地研究的结果。通过访谈和观察得出的定性研究结果，揭示了视障人士作为应用程序设计目标受众的实际愿望。在二次研究的基础上，我们总结了设计和开发移动应用的无障碍指南。

本章分为五个部分。第一部分介绍了视障人士的日常生活，第二部分描述了视障人士的一般需求，第三部分是目标受众对应用程式设计的特殊需求，第四部分则是介绍香港和国际上设计应用程式的指引和规定，分析现有的 App 设计与视障及其他领域的关系，第五部分告知最终的 App 设计，这五个部分会在第五章设计实验中解释应用程式设计的功能和特色。

第一、二、三部分的研究结果都来自广州和香港进行访谈和观察的专题分析。正如作者之前在第 3.3.1.6 节中所写的，主题分析为研究提供了一个有用且灵活的方法，用来分析来自访谈和观察的丰富、复杂和密集的数据。分析采用了 ATLAS.ti 定性数据分析计算机软件。软件是开放的，寻求在过去的调查中没有被证明的发现，其方法是遵循“自下而上”的归纳编码，其中涉及数据收集和建立一个理论。本项目使用的数据分析的结果和“自上而下”的演绎方法需要发展或遵循一个理论和假设。遵循第 3.3.1.5 节中描述的主题分析六个步骤，对观察、访谈材料和照片进行整理和分析后，归纳为八个类别。

从参与者的实际引用中产生了以下研究类别。编码方案由以下八个类别组成，每个类别都有主题（表 4.1）。

表 4.1　　　　　　　　　　类 别 和 主 题

章　节	类　别	主　　题
4.1	积极向上的态度	①有意义的生活；②热爱学习；③挑战自我；④磨炼自己的技能；⑤面对现实
	训练	①定向与移动训练；②自主式导航；③时钟定位训练；④被训练独立自主；⑤认知训练
	感官补偿	
4.2	兴趣	①休闲活动；②社会活动；③旅行；④其他
	日常生活中的困难	①需要陪同；②口述影像培训不足；③盲道上受阻
	无障碍	①区域差异；②政府协助；③辅助技术；④公众协助；⑤特殊设计
4.3	设计建议	应用程式设计的应用
	App 设计	①应用程式的优势；② iPhone 的功能；③应用程式的局限；④游戏的局限；⑤使用困难

上表中的前三个类别，即积极向上的态度、训练和感官补偿将在第 4.1 节讨论。第 4.2 节包括兴趣、日常生活中的困难和无障碍。最后两个类别设计灵感和 App 设计将在第 4.3 节讨论。访谈的摘录是为了给受访者提供实际的声音，并被选为代表集体主题的实例。

4.1　视障人士的日常生活

这一部分有三类：积极向上的态度、训练和感觉补偿。尽管视力障碍者可能会面临困难，但他们总体上还是积极地生活着。他们年轻时在学校学习时，就被训练运用其他感官，如听觉、嗅觉、触觉、味觉来感知世界。

4.1.1 积极向上的态度

数据显示，视力障碍者一般对生活持积极态度。本节主要讨论这种积极的心态，将在下面的五个主题中体现：

（1）有意义的生活。

（2）热爱学习。

（3）挑战自我。

（4）磨炼自己的技能。

（5）面对现实。

在这种情况下，“有意义的生活”意味着他们可以参加由于视觉原因而似乎不可能参加的活动，如看电视、做艺术作品和旅行。

访谈强调了视力障碍者的能力。正如心光盲人院暨学校的一位社工说：“你能做到的事情，他们同样也能做到。”并举了一个例子：他们通过听声音理解内容来“看”电视，他们通过声音描述来“看”电影。

下面的图 4.1 照片展示了心光盲人院暨学校的学生无论有无障碍都能参与一系列活动的例子。

图 4.1 心光盲人院暨学校学生参加活动的例子

每位受访者都强调了智能手机让他们的生活更美好。心光盲人院暨学校的社会工作者强调，由于智能手机的存在，视障人士可以更加享受生活。视障人士的生活相当有意义和有趣，并认为这是因为他们可以使用智能手机（图 4.2）。

图 4.2　视障人士使用智能手机

与旅行一样，明眼人可能认为视力障碍者旅行毫无意义，因为他们根本看不见。然而，正如一位视障受访者所表达的那样：“我可以通过体验气氛来‘看’到现场。”

她分享了自己去尼泊尔旅游时的旅行经历来说明这一点：

“在尼泊尔，我‘看’了学生离校。首先，是初年级的学生离校，他们欢快地从学校跑出来、跳出来。然后是中年级的学生放学，他们努力表现出成熟的样子，不表现出他们有多高兴。最后是高年级的学生放学，他们表现得像个成年人，只是互相聊天。”

在心光盲人院暨学校和香港盲人联合会的观察中，作者注意到，虽然视障人士缺乏良好的视觉能力，但他们还是通过笔记本电脑和书本努力学习（图 4.3）。

在学校学习时，学校鼓励视障学生照顾自己。图 4.4 显示的是“自理小挑战”运动的海报。这张海报被贴在学校的墙上。海报建议学生挑战自己，如穿脱衣服、衣服整理、个人自理家务工作等。如果他们挑战成功，可以得到两个印章，如果不成功，可以得到一个印章。当他们挑战成功后，可参加同伴挑战，胜者可获得两枚印章。四个印章可以换取一个秘密奖励。

图 4.3 心光盲人院暨学校学生透过书本及手提电脑学习的情况

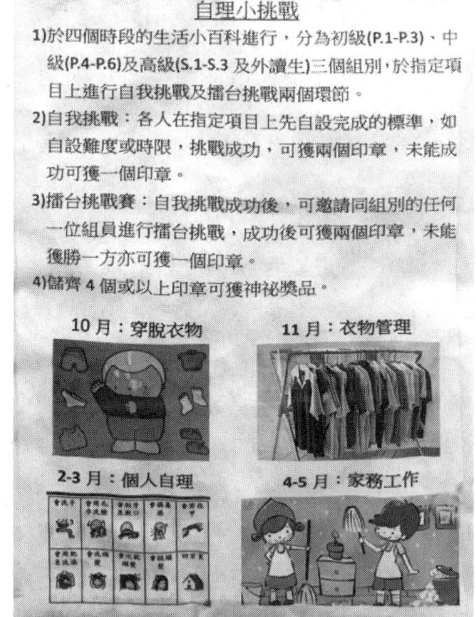

图 4.4 心光盲人院暨学校“挑战自我”活动海报

大多数受访者强调，他们希望挑战自己，尽管他们知道这有多么困难。其中一位受访者表达了他的愿望，他说：是的，我真的很想一个人单独出国旅行。我从来没有尝试过。不管有多难，不管结果如何，我都希望至少有一次这样的经历。

访问结果显示，很多视障人士都渴望磨炼自己的技能，而不是待在家中的舒适区。一位 38 岁的男性表示，他喜欢旅行，因为旅行可以让他挑战自己，学习新事物。

另一位受访者则强调了这一点：我想融入非残疾人的生活。我们可以一起做一些让自己感到满足的事情。我们可以做你能做的事。不仅仅是你能用视力做的事情，而是我虽然看不见，但也能做的事情。

虽然愿意学习和应付，但他们可能会担心其他人的态度。例如，一位 40 岁的香港受访者表示：有些人对我们了解不多，他们想让我们开心。但是，我们需要的是别人直接对我们说一些话，让我们成长。请不要用隐瞒真相的方法来哄我们开心。请告诉我们真相，否则会使我们停止成长。

他详细介绍了面对事实的重要性："例如，当我年轻时，我认为我们比视力正常的人有更多的优势。我们看不见，因此我们的听觉应该很好。我的老师纠正了我们，告诉我们这是一个浅薄的想法。如果是这样的话，视力有障碍的人就可以用听诊器检查病人的身体了。然而，只有医生才有能力做到这一点。"

另一位受访者也强调了这个事实："我的老师向我们说明，视障人士的其他感官并不比正常人强。我们之所以能更好地使用其他感官，是因为我们经常使用这些感官。例如，很少有著名的音乐家是视障人士。"

心光盲人院暨学校的校长在学校教育学生时也说了以下事实："视障学生虽然失去了视力，但他们的其他感官却得到了更大的训练。"

在访谈中，所有参与者在谈到自己积极的生活经历时，都提到了自己的旅行经历。此外，他们还强调了智能手机如何以一种有益的方式改变了他们的生活。这就是作者选择在手机支持下的旅行作为这个项目的主要焦点的原因。

4.1.2　训练

在探讨如何改善视力障碍者的旅行体验之前，讨论有关视力障碍者如何接受培训的背景资料至关重要。以下的主题可以将他们所获得的技能进行分类：

（1）定向与移动训练。

（2）自主式导航。

（3）时钟定位训练。

（4）被训练独立自主。

（5）认知训练。

下文将详细讨论训练部分的流程和受访者的看法。

定向与移动训练是盲校视障学生导航训练中最关键的一块。定向与移动训练（Orientation and Mobility，简称 O&M）是针对视障人士进行有效、高效、安全出行训练的一种专业方法。“定向”指的是感知自己身处何地和想去何地的能力，比如你从一个地方移动到另一个地方或去上班。“移动性”是指从一个地点到另一个地点的有效和安全移动的能力，如能在移动中不摔倒，乘坐公共交通工具。

导航训练的第一个过程是记忆。当学生进入一个新的房间时，他们必须记住，例如，通过触摸房间里的物品来记住洗手间的位置。正如一位学员所言，他们一次也记不住物体的位置，所以要苦练。“我们这些视障人士要比正常人付出更多的努力去记忆东西。”不过，他们在外出时，也提到自己不一定能记住每两个物体之间的步数。“很多人认为我们是通过数步来记住路线的。然而，我无法记住所有的步数。”

导航训练的另一个方面是将人的记忆和感官结合起来。一位受试者表达了他外出时如何运用记忆和感官：“我通常会摸着、数着电报杆或柱子。我记得有一家面包店，在那里我可以闻到面包的香味，这样我就可以认出这个位置。”

另一位受访者则使用其他感官来导航：“我也会用不同的点来帮助我导航，如果我感觉到冷空气，就说明我离入口很近。我家附近有一家 711 便利店。转角处有一家超市，每次闻到超市独特的香味，我就知道我离我的公寓很近。转过街角后，我就能听到 711 的声音，比如八达通卡付款的声音，还有顾客进 711 时的提示声。我只想找一些导航点来协助我记忆路线。我会用柱子来定位。”

定向与移动的基本技能是时钟定位，即用 12 小时的时钟来比喻描述一个物品的相对方向。当向有视觉障碍的人展示方向时，建议大家参照这些时钟位置（图 4.5）。同时，“这边”或“那边”对一些受访者来说是非常不清楚、不准确的。采用时钟位置的定位方法是为视障人士设计的一种指示方向的隐喻。基于同一受访者，其原理很简单。可以把他 / 她的视障朋友想象成时钟的中心。在朋友的正前方是 12 点，在他 / 她的正后方是 6 点。例如，在你 3 点钟方向有一个交通灯杆。在这种情况下，视力障碍者可以更容易、更准确地理解方向。

图 4.5　时钟位置训练

同样，没有视力障碍的人也可以采用这种方法来告诉全盲者物体的位置。例如，我们可以指示食物的位置：牛排在 3 点钟方向，沙拉在 6 点钟方向，一碗饭在 9 点钟方向，饮料在 12 点钟方向。盲校就是这样对视障学生进行时钟方向的训练。在教学时钟位置之初，由于大部分学生看不见，教师需要参照熟悉的物体，如用小棍代表他们从未见过的时针、分针。同时，教师在手工室制作一些有形的物品，如工艺品，让视障者触摸它们来感受它们。在这种情况下，教师制作一个像披萨一样大的纸钟，让学生去触摸。之所以把时钟做得很大，是因为它更容易触摸。其中一位受访者提到："你可以想象一下，你是在一个时钟的中心。你的对面是 12 点，你的背后是 6 点。通过类比，你需要知道这种方法是如何工作的。"

"老师告诉我们，有两根细棒。短的那根叫时针，长的那根叫分针。我必须摸着才能感觉到钟的存在。老师制作了你们平时的钟的钟面，这个钟面有一个披萨那么大，因为我们要摸到钟面才能感觉到钟针是怎么样的。"

另一位受访者描述了老师是如何训练他的定向和移动能力的："我记得周围不动的东西的位置，作为我外出时的参考点。它们一定是不动的东西，而不是临时性的东西，比如推车或垃圾桶，很快就会被移动。老师告诉我，我出楼时，旁边有一些公交车站。而且，我的左边有扶手和树。在到达第四棵树之前，我必须数着扶手，然后我必须转到 2 点钟方向的位置。”

其中一位受访者提到，根据钟点工培训的定位，他们要通过几次测试。他对测试的描述是这样的：“老师会抛出一个会发出特殊声音的球，我需要告诉老师球相对应时钟上的位置。同时，还要求我描述我和球之间有多少步。然后，我需要找到球。只有在 10 次尝试中，有 9 次正确找到球，我才能通过考试。”

“事实上，我们鼓励视障人士在寻求帮助之前，先尝试自己做一些事情。”心光盲人院暨学校的校长表示，训练他们独立的重要性。“我们教育学生，在寻求他人帮助之前，你应该尝试自己做任何事情。”

对视障学生的认知训练包括使用他们的其他感官，指的是嗅觉、触觉、听觉、记忆力和想象力。受访者认为感觉补偿是一种基本的应对策略。因此，下一节将详细讨论感觉补偿。

4.1.3 感官补偿

毋庸置疑，失去眼睛视力的全盲者会尝试使用其他感官来体验和感知周围的世界。通过多感官参与者的观察和访谈，研究者从受访者那里获得了详细的“感觉补偿”证据。所有参与者都强调了感觉补偿的重要性，如对视力障碍者采用听觉、嗅觉、味觉和触觉体验。

在学校里，老师会教给学生感官补偿的认知。“老师会教我们基本的认知训练，比如用鼻子来判断什么能吃，什么不能吃。”在心光盲人院暨学校有训练学生感官的感官乐园（图 4.6）。

图 4.6 心光盲人院暨学校的感官乐园

心光盲人院暨学校的老师分享了她的学生如何认识自己的课桌。由于盲校的课桌是可以完全打开的（图 4.7），视障学生会打开课桌去触摸和感受课桌内的摆设。

图 4.7　抽屉内物品的摆放

视力障碍者的感觉补偿从以下采访摘选引用中可以看出。“当我的视力下降时，我的思想试图关注其他事物，如关注我听到的东西而不是关注我看到的东西。”

受访者举例说明他们是如何利用听觉、味觉、触觉和嗅觉等非视觉感官来帮助自己感知世界的。一位受访者举了一个例子：“当我慢慢接近一个地方时，我总是会尝试着去听我的脚步声。我可以感受到周围环境的变化。如果我的皮肤变湿或变冷，我就会知道有一个建筑物的入口，因为入口附近总是有一个空调。”

另一位参与者也提到了这一点：

“我经常使用我的感官。我可以分辨出不同的声音。在我去盲人协会的路上，我听到了建筑工程的声音，我的鞋子可以感觉到不平整的木板。最重要的是，我知道现在正在施工。同时，我也会尽量远离施工区域。

由于我看不见，所以我必须努力寻找一种方法来了解外面的世界。我不能总是依靠触觉，所以我需要用听觉来体验外面的世界。

听觉是相当重要的。当我使用白手杖的时候，我会敲击白手杖，用我的感官来观察路上是否有障碍物。我也会用听觉来辨别不同的声音。”

当他们旅行时，他们会用其他感官来感知陌生的环境：“当我旅行时，我试着在脑海中建立一种空间感。在酒店里，我会四处走动，试图了解哪个地方有什么。”

视力障碍者能如此敏锐地运用其他感官感受世界，给研究者留下了深刻的印象。这一点可以从他们的旅行日记中看出。正如一位知情者所说："在我的旅行日记中，我描述了整个环境。我描述了我所经历的整个氛围。"

然后，她分享了她在环游西藏时如何利用其他感官来感受气氛的经验：

"我们很早就到了。我可以感受到日出时的金色阳光。我可以听到鸟儿的声音和河水的声音。那里很安静，没有汽车。我可以闻到花的芳香和新鲜的空气。所有的声音和气氛都融合在一起。"

她在西藏写完旅行日记后，把日记拿给和她同去西藏旅行的明眼朋友看。她的朋友们对她专注于描述他们平时不注意的声音和气味感到惊讶。

本节表明，视力障碍者正积极地对待他们的生活。研究结果可以从马斯洛的需求层次理论和自我决定理论的角度来处理。结果显示，参与者希望在满足生理需求后，实现自我实现，如挑战自我、磨炼技能等。Pearce指出，作为一名旅游者，在一个陌生的环境中，可以促进个人的发展。他还提到，旅游可以提供一个展示自己能力的机会，获得成就感，获得自我肯定的感觉。这一发现与Small等人的观点相一致，他们指出：对于许多视力受损的游客来说，旅行是一种成就，对于那些视力受损的游客来说，这种成就可能是深刻的。研究结果还表明，知道自己在陌生环境中克服了挑战，可以帮助一个人在熟悉的地方应对日常的挑战，可以证明他们可以做到。本节还详细介绍了他们是如何被训练成使用其他感官与世界接触的。通过了解他们的训练，使研究者能够了解他们的特殊技能，从而可以用于进一步的设计。本节的研究结果与其他国家的现有文献一致，即许多视障人士可以利用他们剩余的视力，辅以他们的其他感官（尤其是声音和触觉）以及他们的动觉技能（感觉和感知事物的能力）。在感官补偿部分有一些有价值的成果，这些成果也可以在应用设计功能中加以考虑，如口述影像的使用，以及如何利用不同的感官来实现他们的旅行体验。

4.2　视障人士的一般需求

受访者普遍对旅行和与他人社交的活动非常积极。他们还表现出对在iPhone

上玩游戏的渴望。因此，考虑在应用设计中加入游戏化元素，以提高旅行体验的参与度、积极性和乐趣。

通过将一般需求小节分为：兴趣、日常生活中的困难、无障碍三部分，并对每一类进行详细分析，这将进一步得出他们被忽略的需求。

4.2.1　兴趣

在“兴趣”这个主题下，有四个子主题，分别是：

（1）休闲活动。

（2）社会活动。

（3）旅行。

（4）其他。

视障人士与眼明人士一样，可以参加各种活动。作者在心光盲人院暨学校观察时，发现学校有很多特别为学生而设的活动，如象棋（图 4.8）。

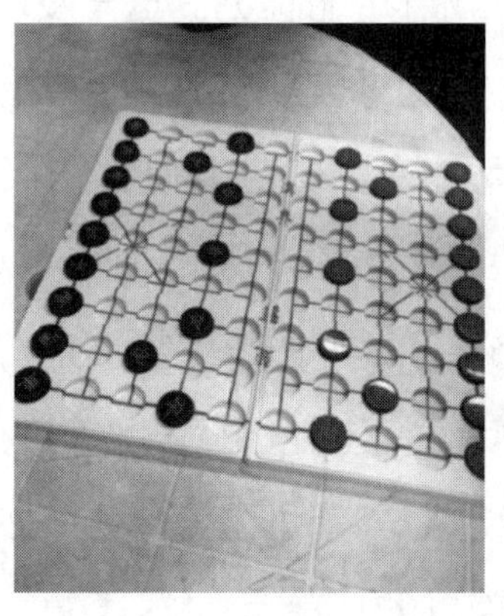
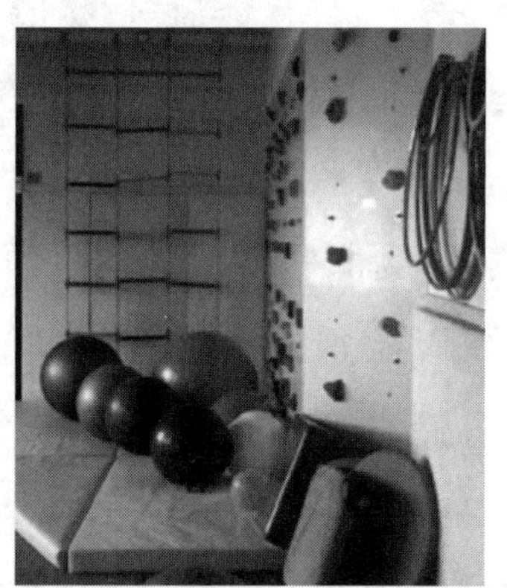

图 4.8　专为学生而设的活动

尽管人们普遍认为视力障碍者在外出活动时可能会遇到困难，但研究表明，当他们有机会离开家时，他们却表现出极大的热情。在访谈中，大部分人都提到他们喜欢外出参加活动。一位受访者表示：“我们会像普通人一样出去参加一些活动。我们会和朋友们一起喝早茶、吃点心。”

有受访者提到，他们有时会和广州盲人联合会等为视障人士提供支持的机构的工作人员一起跑步。此外，即使不参加其他活动，他们即使只是在街上散步，也会感到很满足。正如其中一位受访者所言："我有时就在外面发呆，走走停停。夏天的时候，我也会直接到街上的商店里乘凉。"

他们也喜欢和同龄人分享自己的生活："我喜欢在朋友圈分享我去了哪里，吃了什么，因为我想和朋友们分享我的经历。"

另一位受访者评论说："我的一个朋友是全盲的，她喜欢在社交媒体上分享照片。她到处拍照，比如在公交车上，坐在堵车的地方，即使她什么都看不见，她也会拍照。她每天都会发好几张照片，有时甚至有点毫无意义。"

由于研究的重点是旅行经验，所以本节会集中讨论旅行的主题。大部分受访者都表示对旅行有热诚，他们不希望永远停留在一个地方，所以他们喜欢旅行。他们可以通过本地和海外旅行，接触到外面的世界，还可以体验健全人的生活。他们虽然看不见，但也可以和视力正常的人做同样的事情。

受访者还希望尝试新的事物和体验。正如一位受访者所说："我在旅行中获得了不同的体验。我曾在冬天到过韩国，那是我第一次体验到雪。我还去了台湾，尝试了不同的食物。我去顺德时，是第一次体验温泉。"

最重要的是他们可以了解不同地方的文化。虽然他们看不见，但他们还是希望用另一种方式来体验当地人的文化习俗和环境，另一位受访者也表示支持此观点："古语有云'行万里路，不如读万卷书'，我年轻时就希望能四处游历。"

除了喜欢学习新事物，受访的视障人士还渴望旅行，因为他们可以体验新的文化。一位受访者说出了她到不同国家旅行时与当地人的感受和经历："我通过与当地人见面来体验他们的生活。在北欧，我在酒店附近散步，一些当地人向我打招呼，我能感受到他们的生活是安宁和幸福的。在越南，街上有很多摩托车。我可以'看'到他们的大致轮廓，也可以听到摩托车的声音。我还能感受到当地人的音乐、食物和孩子们的游戏。"

关于当地的文化，品尝当地的食物是旅行中体验当地文化的重要活动。视障人士强调，他们喜欢在旅行中尝试当地的食物，其中一位受访者表示："我会用美食应用程式来寻找以及体验当地的文化，我会使用食物应用程序来发现当地的食物。"

另一位受访者则分享了他到不同地方旅行时使用感官的经验："与广州相比，

北京的天气很干燥。我可以闻到干冷的空气，而广州的空气是湿冷的。到了郊区的白云山等地，清新的空气让我感到心旷神怡，充满活力。我喜欢和当地人聊天，了解他们的风土人情。”

虽然视力障碍的人看不到景物，但不一定就不能感受与参与到气氛、风俗、美食和当地人的生活中去。

旅行最突出的一个好处是，它可以让视障人士至少暂时减少对自己身有残疾的关注，而更多地关注旅行本身的体验，比如体验当地的风俗习惯以及旅行会拓宽他们的视野。

“我知道有一些视障人士待在家里，抱怨自己的残疾。当我旅行的时候，可以拓宽我的视野，让我变得更加开放。我不会过多地关注自己眼睛的状况。世界很大，风景很美。”

不过，大多数受访者表示，当他们旅行时他们会意识到没有必要把所有的注意力都放在眼睛的问题上。

研究证实，当视力障碍者在旅行时，他们处于心流体验中，这种心流体验能帮助他们更多地关注旅行体验，而不是过多担忧他们的眼疾问题。本节对出行态度的研究结果与香港现有的大部分研究描绘一致。

4.2.2　日常生活中的困难

视障人士在生活上会遇到很多困难。在“日常生活中的困难”这个主题下，有三个次主题，分别是：

（1）需要陪同 。

（2）口述影像培训不足。

（3）盲道上受阻。

大多数受访者表示，他们需要有视力的人陪伴。这是因为有视力的同行可以为他们描述场景。其中一名受访者表示，他不能独自旅行，因为他根本无法享受旅行的乐趣。他仍然需要朋友为他描述这些场景。不过，即使视障人士有明眼朋友陪他们外出，他们也面临着挑战。有受访者抱怨与明眼朋友一起出外旅游的经验。由于明眼朋友对口述影像训练较少，明眼朋友在陪同视障人士外出时，不知道如何描述周围环境。其中一位参与者表示，当他的明眼朋友陪同他出行时，他表示不满意："我的朋友只告诉我，那里有很多草，今天的太阳有多美，海滩上有很多垃圾。"

值得强调的是，除了明眼人外，如果没有经过口述影像的训练，即使是有视觉障碍的人也不会如何描述周围的环境。一位视力低下的受访者分享了她陪同三位全盲者出游的经历：

"我被诊断为低视力，所以我可以看到一点东西。我曾经告诉他们，两边都有树。但是，他们却向我抱怨说：'你只告诉我们有树，你能不能描述得详细一点？'后来，我逐渐学会了如何陪伴全盲者。当我陪他们坐公交车时，我会告诉他们车窗外出现了什么商店，或者介绍我们在哪里，或者我们接下来要去的地方。"

因此，有必要加强实时详细描述的口述影像训练。视障人士在出行时需要有视力正常的同伴来描述他们周围的环境。但是，目前视障人士虽然希望自己获取和控制信息，却只能被动接受。这符合自我决定理论。该理论认为：自主性、能力、关联性三个因素是内在动机。

了解这些旅行中的需求与障碍，使作者能够为目标用户设计更好的体验。

4.2.3 无障碍

在"无障碍"的主题下，有五个分主题，分别是：

（1）区域差异。

（2）政府协助。

（3）辅助技术。

（4）公众协助。

（5）特殊设计。

一位受访者表示，不同地区的无障碍设施各有不同："在香港，视障人士使用白手杖在盲道上行走是安全的，但在大陆，我不认为司机会让你先走。大陆的盲道很糟糕。因此，我认为香港的视障人士可以独立行走。"

另一位受访者比较了湖南、北京和香港的无障碍行人信号灯（APS）："与香港相比，北京、湖南的无障碍行人灯号没有那么响亮。并非所有的红绿灯都支持 APS，所以只有主要路线才有。香港所有的红绿灯都有 APS。香港的声音够大，在交通声中很突出。当我过马路时，我通常会用听觉去听声音的大小，以确定自己走的是一条直线。”

另一位受访者则分享了他的出行经验，他说：“地区交通便利性的差异。日本的红绿灯声音小，比香港的红绿灯差。但日本的升降机却比香港的升降机好，因为升降机会发出声音，向视障人士提示楼层信息、升降机是上还是下、门是开还是关。”香港特区政府对视障人士群体是全力支持的。正如其中一位受访者所说，当他们搬到一个新的地区时，会有导师服务，让他们熟悉社区：

“我数年前曾在港岛区居住。我是这几年才搬来的。例如，我刚来时，我们的居委会找了一位导师来协助我。首先，他跟我一起探索社区。然后，导师教我如何从家到办公室的通勤方式，比如如何坐地铁，如何通过何文田站去香港中环。”

香港特区政府还培训了具有语音描述技能的志愿者，让视障人士可以参观博物馆和观看电影。但志愿者人数不足，不能随时提供服务。由于视障人士看不到，需要通过触摸的盲文形式读书，视障人士的书籍比一般的书籍厚得多（图 4.9）。

图 4.9　视障人士教科书

许多受访者提到，他们在外出旅游时，如果自己解决不了的问题，会向其他市民寻求帮助。本节的研究结果让我们注意到在应用程序设计中考虑游戏化策略的重要性，这能让视障人士的出行体验更有吸引力、更有动力、更有乐趣。

4.3　对 App 设计的启示

本章介绍的所有见解和发现都有助于为视障人士设计一款更好的旅行应用。在访谈中，参与者也提到了现有的应用程序功能，并对新功能提出了建议。这些建议将在下文中讨论。

4.3.1　设计建议

所有的受访者都为应用程序的设计提供了有用的建议。他们都认为确保 iPhone 的无障碍功能是最基本的。他们都建议在应用设计中充分提供知识和信息。在这一点上，目的地的详细描述以及语音描述至关重要。例如，一位完全失明的人抱怨道："当我去郊区旅行时，我的朋友只告诉我前面有森林、瀑布和河流。我想知道更多细节。"另一位受访者也这样说："当我去历史遗迹旅行时，我想知道更多关于它们的信息。我会提前在网上搜索我要去的地方，但我无法将信息与遗址联系起来。"

他们还建议旅游应用提供各种推荐，让用户可以按照推荐来做。还有一个有趣的现象是，当问及参与者对应用设计的建议时，他们都会强调一些关键点，如旅行时需要有详细描述。不过，由于问题的重点是设计提升，受访者只能根据自己尝试过的现有应用提供一些建议。现有应用的功能也很有限。因此，用户不知道未来的应用有什么，他们也没有完全表达出具体的需求。情感和心理的需求，似乎是无形的元素，很难呈现出来。因此，对他们过往的旅游经历进行深度访谈是很有用的，可以作为 App 设计建议的补充。

4.3.2　App 设计

App 设计中的子主题是：

（1）应用程式的优势 。

（2）iPhone 的功能 。

（3）应用程序的局限。

（4）游戏的局限。

（5）使用困难。

所有受访者都强调，移动应用程序以不同的方式帮助他们。导航和物体识别是大多数受访者提到的两个主要类别的应用，他们可以从现有的应用中获益。在导航功能方面，他们经常使用谷歌地图。当他们外出时，他们也需要乘坐交通工具。因此，他们需要使用公交应用来收集信息。有了公交车和导航应用，他们可以比以前更方便地出门。例如，九巴 App 是一款公交信息应用，视障人士可以去获取公交信息，了解公交车何时到站，还可以告诉用户下一站是哪里，或者需要多长时间才能下车。在出行时，他们更倾向于使用 Uber 或滴滴应用，这是一种高效地出行服务，可以描述出自己所在的位置，司机可以很方便地去接他们，并快速将他们送到目的地。另一类是物体识别。一些受访者提到他们是独居，这就存在各种挑战。因此，物体识别应用对他们帮助很大。他们使用了一款名为 Scan and Translate 的应用，可扫描纸上的文字并大声朗读信息。他们使用了一款名为 Tap Tap See 的应用程序，利用手机的摄像头来识别颜色，以及周围的物体。当他们尝试穿衣服时，这类应用可以帮助他们识别颜色和搭配款式。Tap Tap See 的与众不同之处在于，这款应用不需要用户拍照，只需要通过扫描物体进行识别。虽然这些应用的识别准确率并非百分之百，但受访者认为，物体识别对他们的帮助很大，他们对这项技术持肯定态度。他们也提到 WhatsApp、微信及 Facebook 等应用程式，而这些程式是视障人士的社交工具。这些应用程序的无障碍性比较令人满意。此外，他们会通过应用程式如 HK01 及明报的 VoiceOver 功能“阅读”新闻。

受访者都称赞 iPhone 的无障碍功能对视障人士的生活有很大的帮助。iPhone

的无障碍功能偏好可以在 iPhone 的“设置 > 通用 > 无障碍”中找到。如前所述，iPhone 中集成的 VoiceOver 功能可以将所有文字转化为语音，让视障人士知道 iPhone 上发生了什么。为了支持不同类型的视力挑战，例如色盲，iOS 系统还允许用户反转颜色，减少白点，启用灰度，或者选择不同的颜色滤镜。iOS 系统内置了一个名为 Zoom 的屏幕放大镜，用户可以在一个独立的窗口中查看放大后的区域，同时允许屏幕的其他部分保持原来的大小。受访者向作者展示 iPhone 上的无障碍功能是如何工作的。他们可以通过之前在 iPhone 上设置的快捷键快速展示不同的功能，也可以立即关闭和开启 VoiceOver 功能等无障碍模式。用户可以从强大的无障碍功能中大大受益。不过，如果启用所有的无障碍功能，尤其是 VoiceOver 功能，会导致耗电量增加。因此，在 iPhone 中还有一个贴心的设计，用户可以开启“窗帘”功能，在保留功能的同时，将屏幕变暗，从而节省电量。iPhone 的无障碍功能表现得相当突出。然而，受访者强调，只有当开发者确保编码符合要求，使应用程序能够利用所有无障碍功能时，所有的无障碍功能才能充分发挥作用。在调查期间，受访者抱怨“应用程序的限制”和“游戏的限制”，这将在第 4.5 节介绍。

由于移动科技的发展，视障人士可从现有的应用程式中获益良多。现有的应用程式能满足他们的基本生活需要。然而，应用程序可以提供更高的需求，例如与情绪有关的心理需求，这一点值得讨论。iPhone 的无障碍功能是强大且有用的，所以应该充分利用。这样一来，设计者和开发者在为视障用户制作应用时，应该时刻在脑海中考虑无障碍功能，尽早测试视障用户的无障碍功能。遵循 App 设计的无障碍指南和法规至关重要。

4.4　App 设计的准则和法规

本节主要描述在国际上，特别是在香港，设计和开发移动应用程序的无障碍指引。第 4.4.2 节将提供具体的例子，作为支持指引中每项原则的证据。

4.4.1　国际准则

万维网联盟（W3C）是全球领先的万维网准则组织，由蒂姆 - 伯纳斯 - 李于

2014 年在麻省理工学院成立。之后，W3C 于 1997 年颁布了“网络无障碍倡议”（WAI），以促进残障人士对万维网的无障碍使用。WAI 中最实质性的无障碍指南之一是《内容无障碍指南》（WCAG），它涵盖了广泛的网络无障碍指南。遵循这些准则将使数字内容更容易被更广泛的残疾人群体所接受，包括对语言障碍、行动不便、聋哑和听力损失、失明和低视力的适应性。

这些指南展示了笔记本电脑、移动设备平板电脑和台式机上网络内容的无障碍性。WCAG 2.0 是最新版本，于 2008 年提供，并在 2012 年成为国际标准化组织（ISO）标准 ISO/IEC 40500:2012。本书只关注 WCAG 2.0 和其他网络无障碍倡议指南如何在移动应用中被采用，并关注失明和低视力问题。因此，本节主要集中于 WCAG 2.0 的指南、原则和验证标准，用于移动网络内容、混合应用、原生应用、移动网络应用以及在应用中采用视障人士的网络元素。可感知、可操作、可理解、稳健性是 WCAG 2.0 中的四个原则。

4.4.1.1　原则 1：可感知的原则

1．小屏幕尺寸

移动设备最典型的特点之一就是屏幕尺寸小。屏幕的小尺寸限制了用户一次可以查看的内容，尤其是低视力人群使用手机上的放大功能时。

2．缩放 / 放大功能

一系列方法使用户能够在小屏幕的移动设备上调整信息大小。在平台层面，这些技术可以作为无障碍功能来帮助视障用户。在浏览器层面，这些技术通常可用于服务大量用户。

3．对比

与桌面设备相比，移动设备经常在各种场合使用，其中包括在户外，有阳光直射或其他强光源的地方，这给阅读屏幕带来更大的挑战。因此，低视力人群在手机上获取信息时应选择高对比度的信息。

4.4.1.2　原则 2：可操作的原则

1．触摸屏设备的键盘控制

虽然大多数移动设备已经从内置物理键盘发展成了显示屏幕键盘的设备，但键盘的可访问性仍然是一如既往的关键，移动操作系统应该允许外部物理键盘的访问。

2. 触摸目标尺寸和间距

由于手机的高清晰度，各种互动组件可以在一个小屏幕上一起显示。但是，交互组件要足够大，彼此之间要有足够的空间，这样人们才能通过手指触摸来准确地选择它们。

3. 触摸屏的手势

很多手机的开发都是通过触摸屏上的手势来操作的。手势可以是简单的，比如用一个手指点击一下，也可以是复杂的，包括画出的形状、多次点击和多个手指点击。

4. 提供设备操作手势

除了触屏手势，一些移动设备还能让程序员拥有通过物理操作的控制选项，比如倾斜和摇晃手机。设备操作手势可以让设计师设计出有创意的用户界面，但这对于不能拿着移动设备的人来说可能会成为一个挑战。许多移动操作系统提供了变通功能，使用户能够从屏幕菜单中模拟设备的倾斜和摇晃。即使提供了设备操作手势，设计师也应该提供键盘操作的替代方案或触摸控制选择。

4.4.1.3 原则 3：可理解的原则

1. 改变屏幕方向

一些移动应用会自动将屏幕调整到特定的屏幕方向（纵向或横向），并假设用户会通过旋转移动设备来做出反应。如果看不见的屏幕阅读器用户没有意识到方向的转变，用户可能会给出错误的导航指令。因此，应用程序员应确保当手机改变方向时，应用可以被屏幕阅读器等辅助技术检测到。

2. 确保布局一致

当组件在一个应用程序中的多个页面上重复出现时，应该以一致的布局来呈现。

3. 将基本的页面信息放在页面滚动之前

许多移动设备的屏幕尺寸较小，限制了无需滚动即可显示的信息。在不滚动的情况下放置重要的页面元素，可以帮助有认知障碍和低视力的用户理解和处理信息。在不滚动页面的情况下放置重要信息，可以确保使用屏幕放大镜的用

户无需滚动即可查看重要内容。

4．将执行相同操作的可操作元素进行分组

执行同一动作的不同元素应定位在同一可操作元素内。这有助于用户使用键盘和屏幕阅读器来增加多余的焦点目标。

5．提供清晰的指示，说明元素是可操作的

可操作的元素应明显区别于内容等不可操作的元素。可操作的元素与原生移动应用相关，有链接和按钮等可操作元素的网页，应该提供明确的指示。可操作的元素应该使用一个以上的区别性视觉元素。对于视障用户来说，视觉特征作为可操作元素，包括颜色、样式、形状、位置、传统的图标以及操作的文字标签。

6．提供自定义设备操作和触屏手势的教程

对于很多用户来说，自定义手势可能很难被检测和记忆。因此，应该提供说明（如工具提示、教程和覆盖）来解释哪些手势可以被采用来管理一个给定的界面。从实用的角度来看，只要用户需要，就应该随时提供说明。此外，教程也应该是容易访问和发现的。

4.4.1.4　原则 4：稳健性原则

1．将虚拟键盘设置为所需的数据输入类型

标准键盘可以在设备设置中进行自定义。此外，一些移动设备还根据数据输入的类型提供不同的虚拟键盘。例如，当用户在该字段输入信息时，会自动显示不同的键盘。设置键盘的类型有助于防止错误，确保信息的正确性。

2．提供简单的数据输入方法

用户在移动设备上输入信息时应采用不同的方法，如蓝牙键盘、语音、触摸、屏幕键盘等。在特定的情况下，文字输入可能是困难的，效率也很低。提供单选按钮、选择菜单、复选框或通过自动输入已知信息（例如位置和日期）使人们能够减少所需的文本输入数量。

3．支持平台的特征属性

iPhone 提供了不同的功能，以帮助残疾人访问内容。这些功能包括字幕、大字体和缩放功能。不同的设备和操作系统提供独特的功能和特点。

4.4.2　香港准则

据香港通讯事务管理局办公室 2018 年的数据显示，2018 年香港的移动电话普及率达到 250%，移动用户达 1800 万。移动技术已经普及，面向社会的各个角落，其中包括残疾人。移动设备和互联网为我们提供了极大的便利。事实上，现在越来越多的残疾人使用带触屏的移动设备。移动应用程序和电话让他们可以随时随地更有效地获取资讯和上网。然而，社会上可能会有一种错误的判断，认为残障人士，尤其是视障人士不具备使用移动设备的能力。众多移动应用程序员很少考虑残疾人士的个人需求。为了帮助移动应用开发者和设计者充分了解来自移动应用残疾群体的无障碍需求，香港特区政府于 2018 年 5 月颁布了《移动应用无障碍手册》。该手册将收集到的本地残障群体的反馈意见和 W3C 提倡的 WCAG 2.0 结合在一起。本节介绍了对视障人士使用移动应用造成障碍的典型错误。开发者在开发移动应用时，可以避免这些错误，并实施正确的编码方法。遵循《移动应用无障碍手册》，视障人士的愿望，分为三大类，即可感知性、可操作性和可理解性。下文将通过提供截图示例来讨论必须考虑的方面。

4.4.2.1　可感知性

界面的元素应该以用户能够感知的方式呈现给用户。

1．为非文本元素提供文本替代方案

有视觉障碍的人使用文字转语音功能来操作手机。因此，必须为图标、图像和按钮等非文本组件提供简洁而有意义的文本替代方案（CAPTCHA 和为装饰而设计的图像除外）。例如，设计者应该考虑如何向使用读屏器的视障用户传达移动应用中每个按钮的含义。文本替代方案应该很短，不超过 5 个字，因此，它们必须有一个简洁而有意义的文本描述，以便屏幕阅读器阅读。文字描述可以让看不见的用户知道视觉信息（图 4.10）。

2．避免文字图像

设计者不应该使用图片来显示应用程序上的文字信息。图片上的文字无法被屏幕阅读器阅读，因此，应该为图片提供文字替代方案（图 4.11）。

图 4.10　为非文本元素提供文本替代方案

图 4.11　避免使用含文字的图片

3．确保与屏幕阅读器一起使用时，每个功能都正确无误

当用户使用读屏器时，每个导航菜单和按钮都应该正常工作。开发人员应该用屏幕阅读器测试移动应用上的所有页面，以确保移动应用功能正常（图 4.12）。

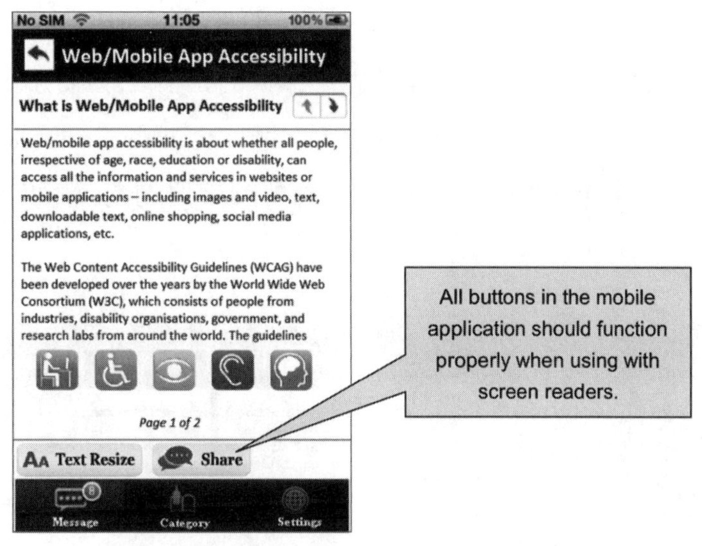

图 4.12　确保在使用屏幕阅读器时，所有的功能都能正常工作

4．提供字体大小调整功能

有些用户使用的手机屏幕仍然很小。在手机应用中提供可扩展的字体大小，不仅可以帮助使用小屏幕设备的人和老年用户，还可以方便残疾人使用手机应用。应该通过提供缩放支持或文字大小调整，使所有文字能够在不遗漏信息的情况下调整大小。在启用文字大小调整功能后，视障人士不需要采用屏幕放大镜等辅助技术，便可以查看信息（图 4.13）。

图 4.13　提供字体大小调整功能

5．提供有意义的内容序列

当移动应用的内容需要按照一定的顺序阅读时，移动应用的布局应该按照逻辑顺序设计。在图 4.14 中，由于界面的设计有一定的顺序，标题和内容会被读屏器读错。如果屏幕页面编码正确的话，屏幕阅读器的阅读顺序应该是从左到右，从上到下。

图 4.14　提供有意义的内容序列

同样地，在下面的例子中，表格的序列从姓氏到查询内容，然后突然返回到名字。屏幕阅读器将按照逻辑顺序阅读表单，使顺序从姓氏到查询类别，最后到查询内容（图 4.15）。

6．不要简单地依靠感官特征来进行指示

不要仅仅依靠一种尺寸、形式、视觉位置或声音来为用户提供指导。在下面的例子中，下一页按钮对于有视觉障碍的人来说是无法理解的。正确的方法也是提供按钮的文字替代方案，或者在按钮上标注清晰的说明，放在人们能注意到的位置（图 4.16）。

7．避免单纯依靠颜色来传递信息

不要只依靠颜色来显示信息。事实上，并不是所有的人都能以同样的方式感知颜色（如色盲或有视觉障碍的人），对某些人来说似乎显而易见的信息可能会被另一些人忽略。在下面的例子中，红色的标题指的是必填项。然而，色盲或

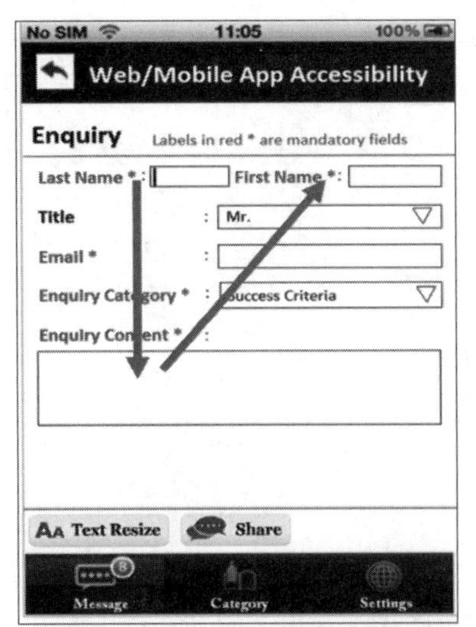

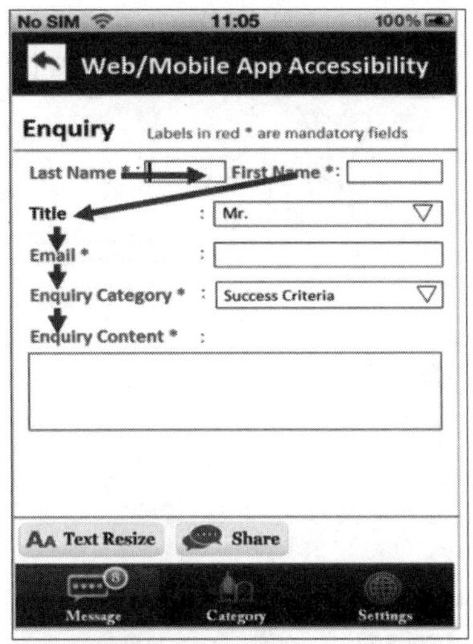

图 4.15　表格设计序列

图 4.16　不要简单地依靠感官特征来进行指示

有视觉障碍的人却无法察觉颜色。通过在每个标签后使用星号（*），色盲者仍然可以识别出必填字段（图 4.17）。

8．提供足够的色彩对比

为了使文字易于阅读，设计者应选择适当的背景色，文字的对比度至少要达到 4.5 ∶ 1，称为 AA 标准。在下例中，背景色为黑色，标题文字为紫色，对比度差，文字难以识别。采用的对比度越高，文字越容易阅读（图 4.18）。

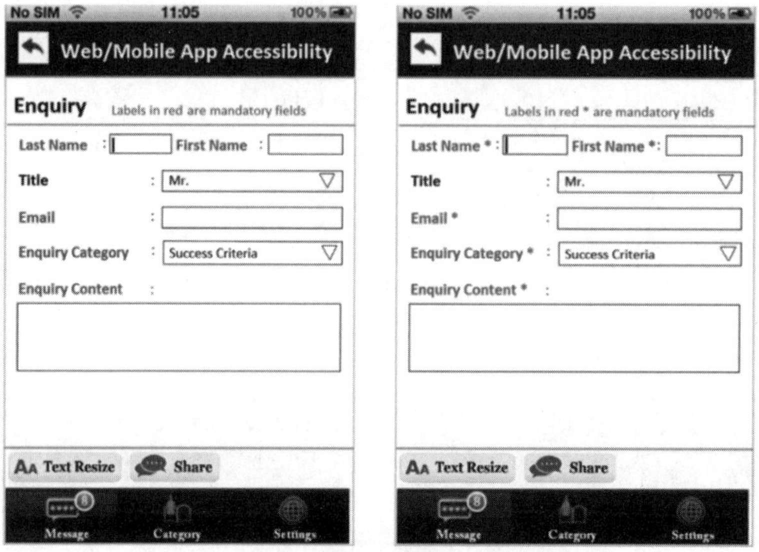

图 4.17　避免单纯依靠颜色来传递信息

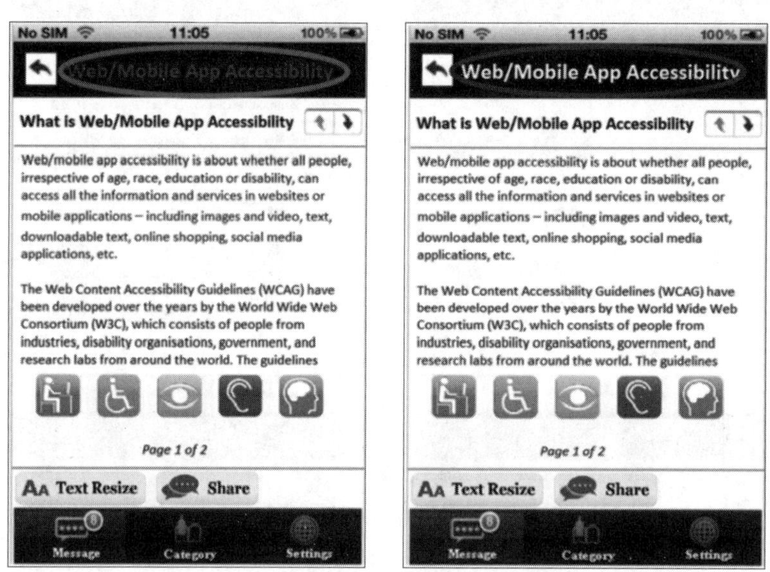

图 4.18　提供足够的色彩对比

9．提供替代通知方式

视觉障碍和听觉障碍的人应该收到不止一种方式的通知。下面的例子只是提供了“铃声”的选择来提醒新信息，让有听力障碍的人无法感知到通知。当应用提供了“震动”和“铃声”两种新消息的提示方式时，听觉或视觉障碍者都可以收到提示（图 4.19）。

图 4.19 提供替代通知方式

10．为预先录制的视频提供描述

当移动应用中播放视频时，有视觉障碍的人无法看到视觉元素，只能听到音频。应该提供额外的描述，为这群无法完全获取所有内容的人解释视频中的内容。从更高层次的可访问性角度来看，应该提供视频的口述影像，以解释场景变化、演员、动作以及屏幕上那些关键的但没有说出来或在配乐中描述的文字。下面的例子展示了一个视频，以帮助视障人士学习视频中的思想。当有附加说明时，视障人士可以完全获取视频信息，解释视频中发生的事情（图 4.20）。

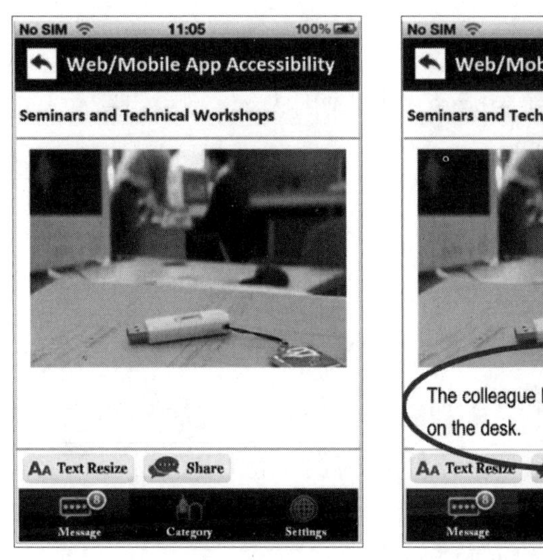

图 4.20 为预先录制的视频提供描述

4.4.2.2　可操作性

应用程序用户界面的组件和导航必须是可操作的。

1．确保导航清晰和方便

一个导航效果不佳的移动应用程序会导致视障人士难以使用。箭头按钮与适当的文本选择相关联，可以让用户轻松地返回到上一页。在图 4.21 左侧的例子中，没有提供导航按钮让用户在不同的页面之间返回。图 4.21 右侧的箭头按钮可以让用户很容易地跳到上一个页面。

图 4.21　确保导航清晰和方便

2．提供简单明了的标题

在应用程序中提供一个简单明了的标题和内容，使视障人士能够轻松理解。在图 4.22 的左侧，页面的标题太长。由于屏幕尺寸的限制，设计者应该提供清晰简单的标题。

3．提供清晰而丰富的链接

提供描述性的链接文本，以确保每个链接都能通过链接文本或仅通过文本和上下文来理解。在图 4.23 左侧图，“More” 链接并没有展示出多少意义。而图 4.23 右侧图的完善版所示，链接标签应该更具有自明性和描述性。

4．提供可见的焦点

当选择一个文本字段时，重点应移入“文本字段”。用户的注意力应该被吸

图 4.22 提供简单明了的标题

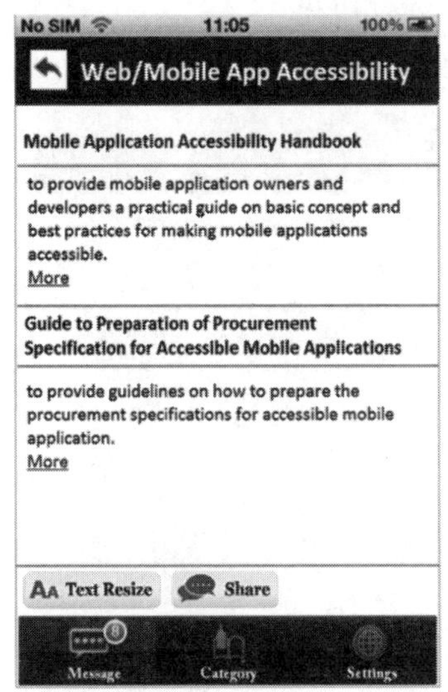

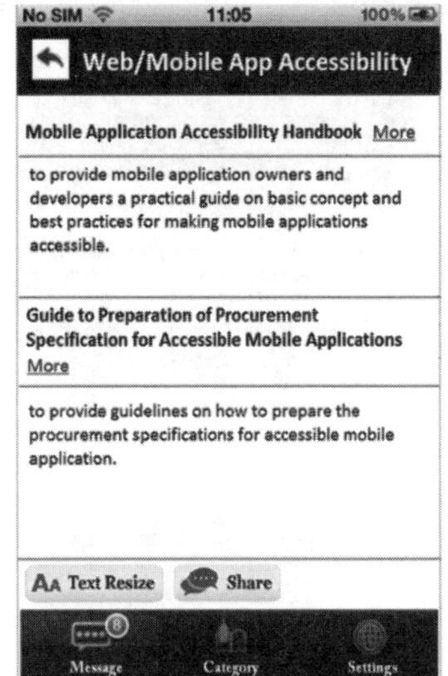

图 4.23 提供清晰而丰富的链接

引到重要元素和相关的输入字段上。在图 4.24 左侧的图中，用户无法确定应该将重点放在哪个字段上。在图 4.24 右侧的图中，光标可见可以使重点突出。这使得有视觉障碍或低视力的人可以感知他们在输入页面上的位置。

5．提供关闭弹出窗口的方法

所有的弹出窗口都应该由按钮关闭，应该与读屏器配合使用。在图 4.25 的左侧，用户无法关闭弹出式菜单。设计师应该提供一个关闭按钮，用于关闭弹出式菜单，如图 4.25 右侧所示。

图 4.24　提供光标可见

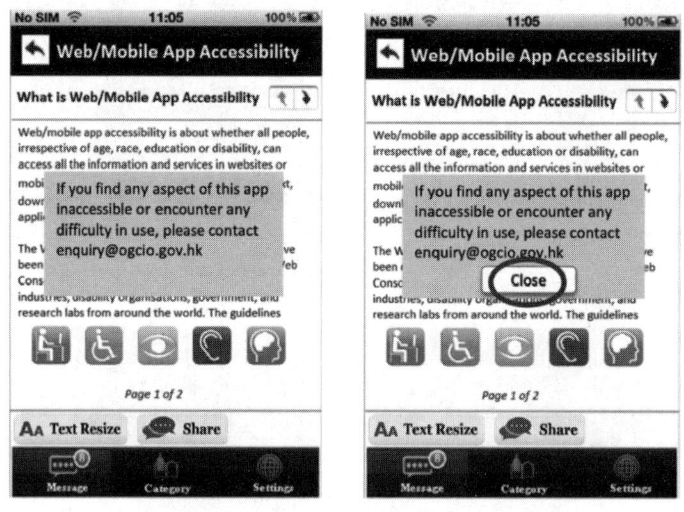

图 4.25　提供关闭弹出窗口的方法

6．尽量减少用户输入

元素，如文本输入栏、选择器、选举列表等控件的默认值，应尽量减少用户输入，避免不必要的输入错误。自动显示适当的选择信息可以帮助用户输入，节省时间。在图 4.26 左侧搜索表单中，用户必须输入所有字段。最好在搜索表单中采用选择列表的方式，以避免大量的输入，如图 4.26 右侧表单所示。

7．使所有可点击的按钮和链接足够大，以便于被点击

所有可点击的按钮和链接都应该足够大，以便行动不便的人可以点击。为了提供有效的体验，可点击按钮和链接的大小必须至少与手机的默认图标大小相同。大尺寸的按钮可以让用户有效地获取移动应用的信息（图 4.27）。

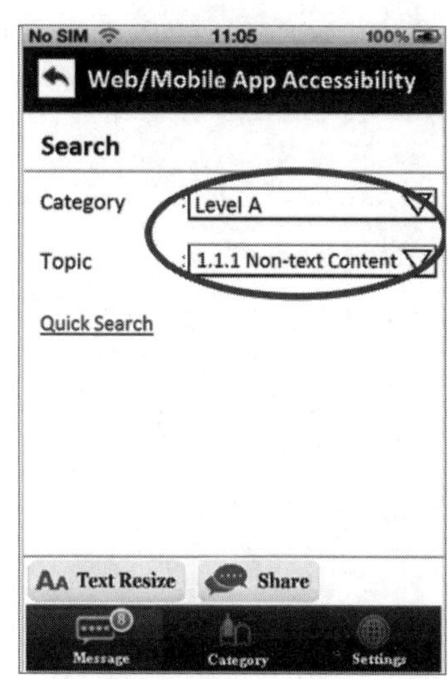

图 4.26　尽量减少用户输入

图 4.27　最小化用户输入

4.4.2.3　可理解性

应用程序用户界面的所有信息和操作都应该是可理解的。

1．提供一致且简单的用户界面结构

在图 4.28 左侧，不同页面的布局不一致会造成混乱。整改后，一致的屏幕界面设计有助于用户体验（图 4.28）。

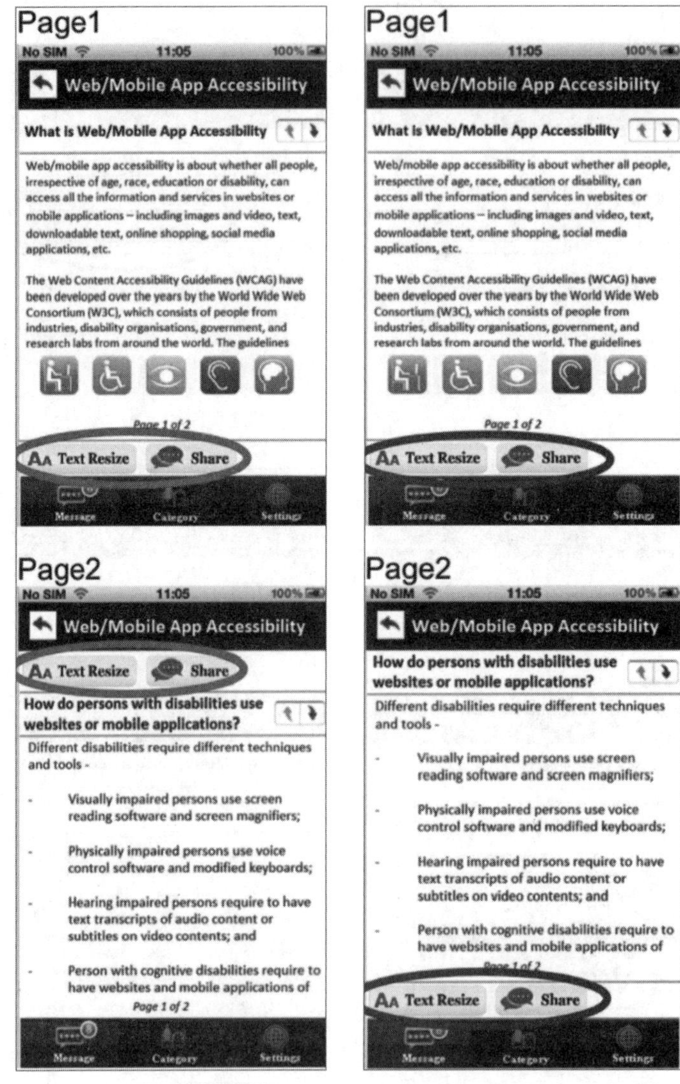

图 4.28　提供一致且简单的用户界面结构

2．提供具体的错误提示

当用户犯错时，应该提供一个提示，说明哪里做错了。在下面的例子中，已经给出了一个错误提醒，但不够具体。当提供了特定的错误提示时，用户就知道到底错在哪里了（图 4.29）。

图 4.29　提供具体的错误提示

3．为用户输入提供输入辅助

所有的输入项，如文本字段、选项卡、标签和按钮，都应该提供明确的说明或标签，以便屏幕阅读器识别。图 4.30 左侧图中的日期格式没有输入暗示。用户可以通过对字段提供输入指令或提示，了解移动应用元素和应该输入的内容（图 4.30）。

图 4.30　为用户输入提供输入辅助

该手册还提供了一份无障碍检查清单（附录 6）。研究者按照检查表，通过启用 iPhone 的屏幕阅读器功能即 VoiceOver 进行无障碍性测试。

4.5　从以往的应用程序设计中学习到的经验

从以前的 App 设计中吸取的教训有两个方面：一个是正确的设计，可以从中学习；另一个是应该防止出现收到差评设计。事实上，大多数收到差评的 App 都没有遵循 WCAG2.0 的指引。最好的选择是使用检查表进行无障碍性检查。有几个应用界面上充满了小字体。界面可以应用更大的尺寸和粗体，例如应用 OverThere（图 4.31）。

图 4.31　OverThere 应用截图

也有受访者抱怨，由于一些按钮或文字没有详细的说明，导致一些 App 的无障碍功能不能完全实现。在 App 中，应该分字幕和子按钮，这样用户可以选择，层次清晰。

即使所有的按钮都有说明，一个页面上的按钮太多，也会让有视觉障碍的人难以处理。因为他们要从左上角到右下角的所有按钮中去寻找自己需要的那个按钮。

一位受访者表示，他很少使用导航 App，原因是它只能告诉他大致的方向。比如，导航 App 告诉他，他想去的地方在他 2 点钟的位置，然而他还在大楼里面。他认为应用程序应该检测他所在的位置以及周围的事物。他的建议是，当用户离开大楼时，应用程序应该能够提供参考点，比如在大楼外面有一个广告牌在 11 点钟的位置；当用户走向广告牌的时候，应用程序应该提供下一个参考点。这一点很重要，提供的信息要更加具体，否则用户需要询问周围的人，所以该应用程序没有意义。

受访者还抱怨说，有些应用程序在开始时很有用，但没有更新以及增加更多内容。因此针对视障人士的应用持续改进也是非常重要的。

4.6 小结

除了采用归纳法外，采访得到的数据还采用了自上而下的演绎法进行分析。本节的研究结果与 Reiss 的 16 种人类基本动机模型中的大部分吻合，如好奇心、独立、荣誉、权利、理想主义、进食、接纳、宁静、锻炼。无论我们是否有视力障碍，对体验高质量旅行的渴望都是大同小异的。这些动机可以协助我们设计一个更好的游戏化应用。此外，视障人士同有视力的同伴去旅行时，同伴向他们描述周围的环境，视障人士被动地接受信息。但他们更希望自己获取和控制信息。这个想法满足自我决定理论，自主性、能力和关联性为内在动机。

第 5 章　设计实践

在前面的章节中介绍了很多无障碍设计基础的知识，本章将着重介绍为视障人士设计开发 App 的详细过程。包括用户旅程地图设计；目标用户参与设计；用户界面设计；并详细讨论了 App 的用户测试。之后，展示了 App 用户测试的结果。最后一节是本应用设计研究的结论。

5.1　用户旅程地图

为了在内部团队中建立同理心，帮助理解视力障碍者，我们团队根据访谈产生的信息，绘制了这类人群的整个旅行过程，并确定了用户在每个阶段中交互的接触点，以及用户的行动、想法、感受和痛点。用户旅程地图根据排列和结构的不同有各式各样的方式。我们采用了按时间顺序排列的结构，这是最常见的方案，它将旅行体验分为计划、预定、交通、实地游览和旅行后五个阶段。同时，我们还使用了曲线联系用户在各个阶段中的情绪，因为曲线非常适用于描述用户在每种情况下的情绪状态（图 5.1）。

用户旅程地图可以帮助设计师们发现问题和重新设计，针对特定的痛点，体验可以被分解成不同的步骤。从上面的体验地图中，我们可以快速识别出整个旅行过程的各个方面，以便进行设计。从用户旅程地图看来，最具有痛点和设计机会的是当视障人士到达目的地实地探索时。

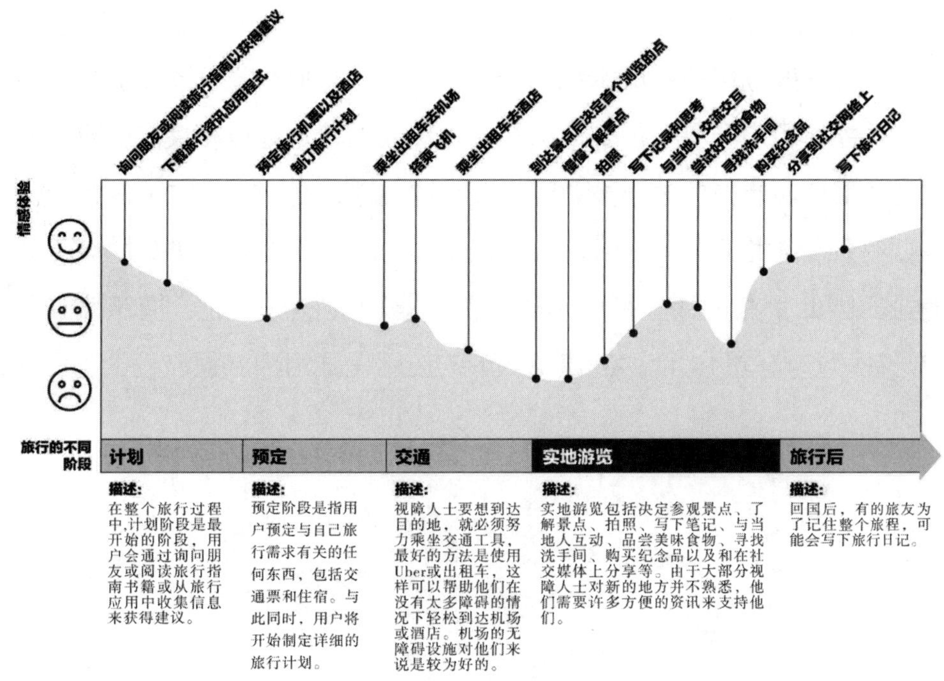

图 5.1　视障人士旅行时的用户旅程地图

5.2　参与式设计

根据前期调研得到的背景知识（参见前面几章），我们尝试提出了针对视障用户的出行应用的功能。为了更好地设计这款应用，我们在 2017 年 12 月对香港盲人工会的三位视障人士进行了深度访谈和设计工作坊。这三位视障人士都是在香港盲人工会做社工，学历较高。

在充分了解他们的其他感官后，视障人士可以体验目的地地区提供的视觉、嗅觉、触觉、声音和氛围。在应用程式的设计上，应考虑感官的因素，使出行应用游戏化。游戏专家 Juul 认为，情感依恋在玩家和游戏本身之间起着重要的作用。游戏设计师 McGonigal 认为游戏的重要特征是规则、目标以及反馈系统。随着智能手机的普及化，游戏体验变得更加具有移动性。特别是基于地理定位系统（GPS）的位置支持的手机游戏，例如，影子城市和 Geocaching，为玩家提供了更真实和刺激的体验。基于位置的移动游戏使玩家从虚拟世界趋向于混合世界环境。游戏研究员 Jacob 调查了玩家的移动和物理位置在基于位置的移动

游戏中至关重要。移动游戏应用正在扩大，变得更加面向情境，将玩家与物理位置联系起来，鼓励用户完成本地出行任务，并与其他玩家互动和竞争。手机的位置感知功能使用户能够在各个地点签到，接收与特定地点相关的信息，并找到附近的其他用户。社交化对于移动玩家来说越来越重要。Yovcheva 等人主张外来游客需要有别于本地玩家。Fernandes 等人认为，游客在旅行时对地点不熟悉且时间有限。因此，在设计出行应用时，任务需要减少挑战性、模糊性。我们团队经过与视障参与者的讨论，创建了如下的应用程式用户旅程流程图（图 5.2）。

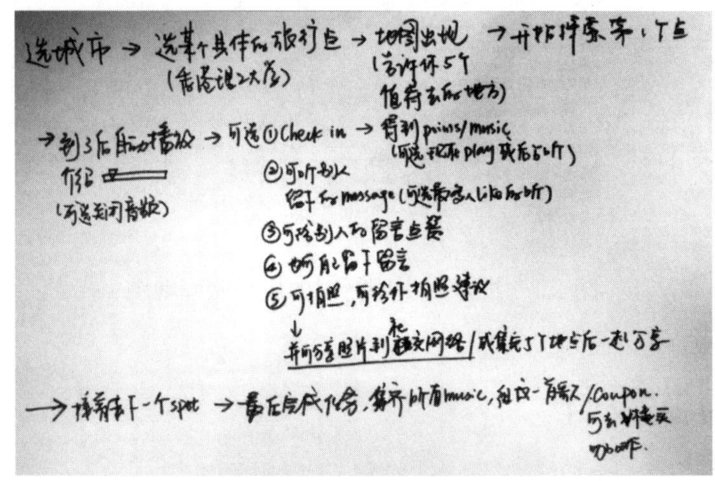

图 5.2　应用程序的用户旅行流程

5.3　用户界面设计

为了使应用游戏化，我们首先从游戏设计中提取元素，然后尝试将这些元素融入我们的具体设计中。值得一提的是，游戏化研究者对游戏元素是什么并没有达成一致，这些元素甚至无法命名。所以，我们可以先尝试在各类游戏中将游戏元素提炼出来。

我们给 App 应用最初起的名称是“Gamified Travelling（游戏化旅行）”。这是一款基于口述影像的应用，利用用户手机上的 GPS，利用不同感官的音频描述为用户提供各式各样的旅行建议，让视障用户在旅行时拥有更大的自主性，同时提升他们本身的能力。这款应用可以在用户经过旅行目的地时，识别地点然后利用语音提示来介绍这个地方。同时，它也可以让用户标记路线细节以及开启寻找附近朋友的功能，这种体验就像有一个虚拟的当地朋友来带领用户旅行（图 5.3）。界面设计采用了一款广为交互设计师使用的软件，名为 Sketch（图 5.4）。

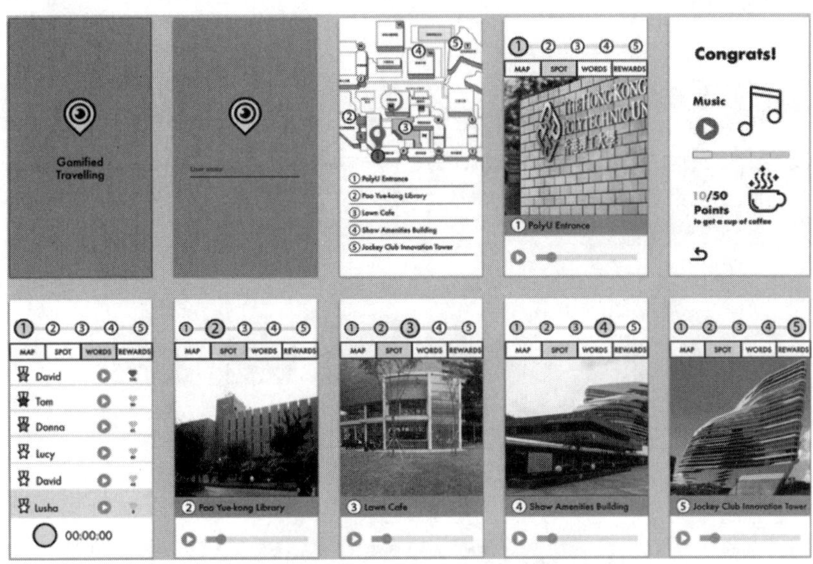

图 5.3 早期应用界面

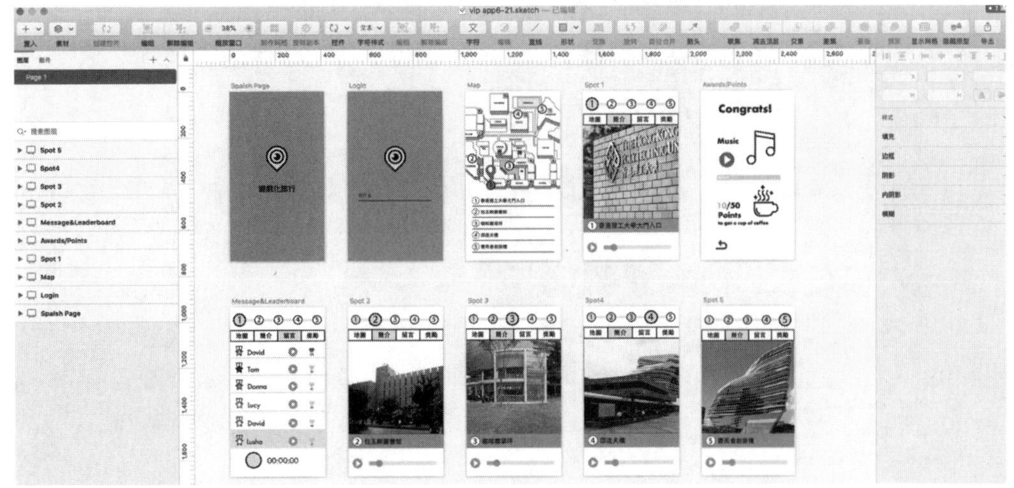

图 5.4 使用 Sketch 进行第一阶段的应用测试

5.4.1 节 App 测试第一阶段详细展示了早期测试阶段。如 App 的对比度、功能的增强、无障碍性以及 VoiceOver 功能。对前面几个版本进行 30 轮测试后，最终 App 界面制作完成。移动应用的最终的名称是“Lively Travelling（拉阔旅

行）”，因为这款应用将在香港推出，而“Lively”在粤语中可以读作“拉阔”，拉阔在粤语中是著名的现场的意思。这个名字代表了这款 App 的特质，特别强调现场旅行体验。最终版本的 App 界面如图 5.5 所示。使用 Sketch 进行第二阶段的应用测试如图 5.6 所示。

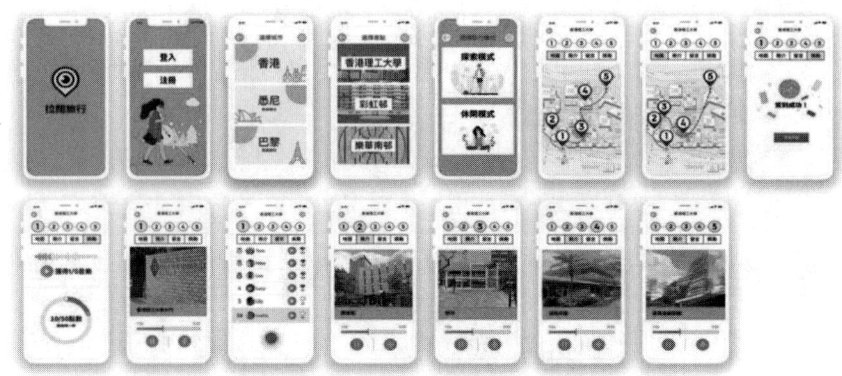

图 5.5　最终的应用界面

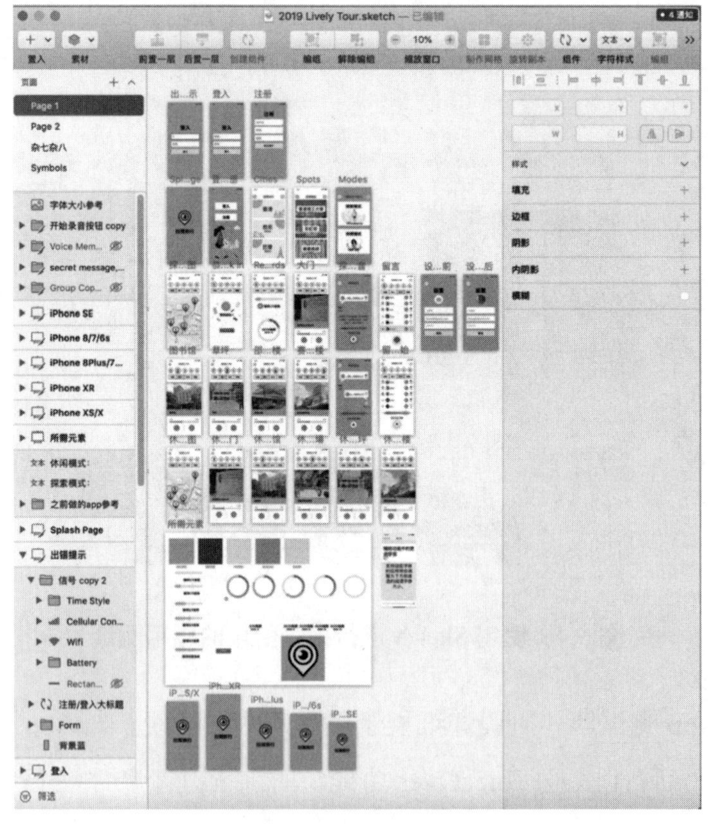

图 5.6　使用 Sketch 进行第二阶段的应用测试

我们在前面的章节中强调过，关于视力障碍者这一类人群，只有一小部分人是完全失明的。那些还能看到一定程度的人，还是希望努力用他们剩余的视力去看 App 中的界面。我们选择蓝色作为这款应用的主色调，是因为蓝色很显眼。对于那些还能在有限程度上看到 App 界面的人来说，我们一定要考虑对比色的无障碍性和模拟不同色盲的情况。所以，我们在这款 App 中也对此慎重考虑。我们可以在设计界面中使用 Sketch 插件的 Stark 来测试对比度（图 5.7）和模拟不同色盲的情况（图 5.8）。经过测试，我们的界面设计上所有图像和文字的视觉效果都达到了国际标准，即对比度至少为 4.5:1（AA 级）。大多数的图片和文字达到了国际标准的最高级别，即对比度应该保持在 7:1 以上的 AAA 级。这个测试确保了我们的应用提供了很好的对比度和可读性。

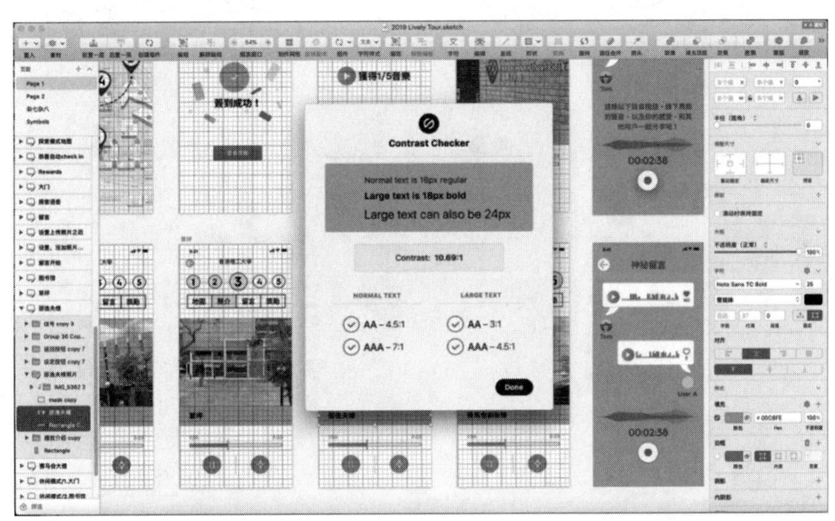

图 5.7 使用 Sketch 插件的 Stark 进行对比度测试

为了鼓励旅行，该应用会推荐特定区域内值得参观游览的旅游景点、餐厅、酒吧、酒店和商店。当用户经过一个景点内的新景点时，这款应用会自动播放音频，介绍景点内容以及不同感官的故事、提示和建议。

当用户达到景点，应用程式会自动感知并帮助用户打卡，此时用户可以获得打卡奖励。奖励可以是一首歌曲的一部分，也可以是一些能换取优惠券的积分。为了获得整首歌曲或整张优惠券，用户会尝试游览并“打卡”这个应用程序在该地区推荐的所有景点。视障人士的其他感官往往比较敏感，他们在认识

图 5.8　使用 Sketch 插件的 Stark 进行色盲模拟测试

世界的时候会有微妙的感受。利用这一点，我们设计了另外一项功能：视障人士可以在应用程式上留言，比如游览提示，或者是自己的感受，又或者是分享给其他视障人士的经验。留言可以被其他应用用户点赞，点赞最多的前十名留言会显示在应用的排行榜上。每一个景点如香港理工大学，会有此景点的排行榜，这样用户就可以从他们信赖的同伴那里发现最好的体验，并得到有用和有意义的提示。随着线上社区的发展，用户可以建立详细的本地信息数据库。这些信息会随着社区的发展而增长，创造出一个完全由群众绘制的世界旅行地图。

从长远来看，这个应用可以用于不同国家的许多景点。我们首先把香港理工大学当作一个景点进行了试点测试，以检验这个应用程序对视障人士的作用。我们为视障用户在香港理工大学挑选了 5 个最值得游览的地点：大学门口、包玉刚图书馆、草地咖啡馆附近的校园草地、邵逸夫康乐大楼和赛马会创新楼。

这款应用可以说是一款基于移动端、位置感知的收集游戏应用。这款应用可以将旅行变成一种充满情感和纪念意义的体验。在前期调研产生的数据基础上，提出了视障人士出行应用的功能。它包括以下功能：

（1）用户可以从两种体验中进行选择（图 5.9）。

a. 探索版本。他们会接到几个任务，包括寻找当地人，获得照片分享的机会；或者通过叙事找到隐藏的声音；通过震动途径发现隐藏的虚拟物体。

b. 放松版本。应用会推荐冥想或放松的地方。该功能从四种乐趣概念中提供“轻松的乐趣”。

图 5.9　两种模式选择

（2）该应用程序推荐附近的旅游景点、餐馆和商店。这一功能利用任务清单和目标设定来鼓励用户探索新的地点（图 5.10）。根据参与者的说法，视障用户通常都很想去新的地方，但缺乏动力，也不知道有什么可以利用。这一特点涉及游戏化设计动机中的“任务”，以及四种趣味概念中的硬趣味中的目标和策略。

（3）当用户经过一个新景点时，该应用会自动播放音频片段，描述不同感官

的故事和建议（图 5.11）。该功能借鉴了到达景点后产生的成就感（“解锁”景点），并在不需要用户提示的情况下，通过输入新的知识引发好奇心，以及从成就中提升知识和能力。该功能鼓励用户在目的地探索空间。

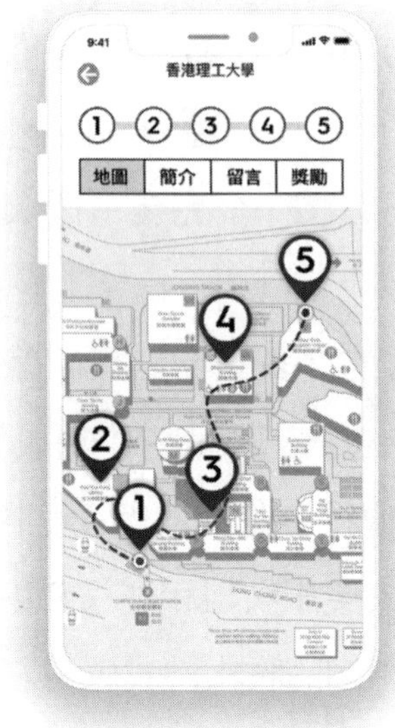

图 5.10　目标设定打卡点

图 5.11　自动口述影像

（4）用户访问一个景点后，可以自动获得奖励。奖励可以是一首歌曲的一部分，也可以是能换优惠券的积分。为了获得整首歌曲或一张优惠券，用户应该尝试访问并查看该地区所有应用推荐的景点（图 5.12）。收集、惊喜、赠送、奖励系统和外部优惠券是建立在 Zichermann 和 Cunningham、Lazzaro 提出的思想基础上的，而喜悦和感激是相关的积极情绪。

（5）用户可以在离开前留言，比如提示（或暗语），或者自己的感受，或为其他视障人士提供经验。留言可以被其他应用用户点赞，点赞最多的前十条留言会显示在应用的排行榜上。用户可以在每个景点中发现来自他们信赖的用户的有用和有意义的提示，从而得到，更好的体验。用户还可以发布问题，每个人都可以回答（图 5.13）。分享、排行榜、获得地位、名声、获得关注、竞争和“社会号召”行动，参考了 Zichermann 和 Cunningham 提出的建议，而 Lazarro 关于沟通和社交方面的乐趣的观点，则是建立积极情绪的基础。

（6）随着社区的不断发展，用户可以为详细的地方信息数据库的建立做出贡献。这些信息随着社区的发展而增长，创造了一个完全由群众来源的世界旅游地图。不断增加的内容、社区、共同创造、在社区中的地位、协作和“成长”的感觉主要受到 Zichermann 和 Cunningham 的启发。

图 5.12　奖励系统

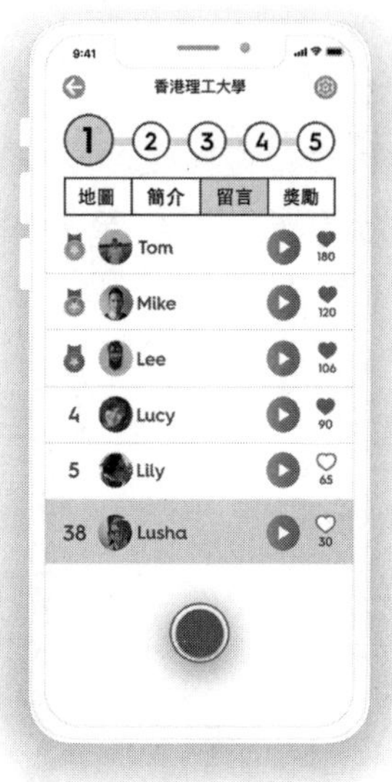

图 5.13　消息排行榜

5.4　App 用户测试

如前所述，App 的设计过程是以迭代设计的方式，是一种涉及设计、开发、评估、分析反复循环的技术。本节将主要介绍 App 迭代开发的情况。为了尽早对 App 进行评估，我们从 2017 年开始，从低保真到高保真的原型进行了 App 用户测试。由于该应用需要嵌入 iPhone 的无障碍功能即 Voiceover，所以在开发之前，我们并不知道该应用是否能真正被目标用户使用。VoiceOver 是视障人士使用 iPhone 的关键和唯一的无障碍功能，该应用程序能否与 VoiceOver 功能完全配合是测试中的挑战。VoiceOver 功能需要一个完全开发的应用与后端编程。iOS 开发有三种类型：Native、Hybrid 和 Web。原生移动应用的设计是“原生”于一个平台。原生系统的优势在于它倾向于优化用户体验。由于它是专门为平台开发的，所以操作起来更直观、更快捷。混合型移动应用可以像原生应

用一样安装在任何设备上，但它们只能通过网络浏览器运行。所有混合应用都是通过 HTML5 编程语言开发的。从技术上讲，混合应用是将网站设置到原生应用中，使其外观和功能与原生应用一样。虽然混合应用程序没有原生应用程序那么快或可靠，但它们简化开发过程。它是主要提供内容的应用程序的理想选择。Web 应用程序由最流行的编程语言编写，但它们不能在苹果商店中销售。在与 iOS 开发者协商后（图 5.14），本着尽早评估应用的目的，选择混合开发来开发应用，进行第一阶段的应用测试（图 5.15）。

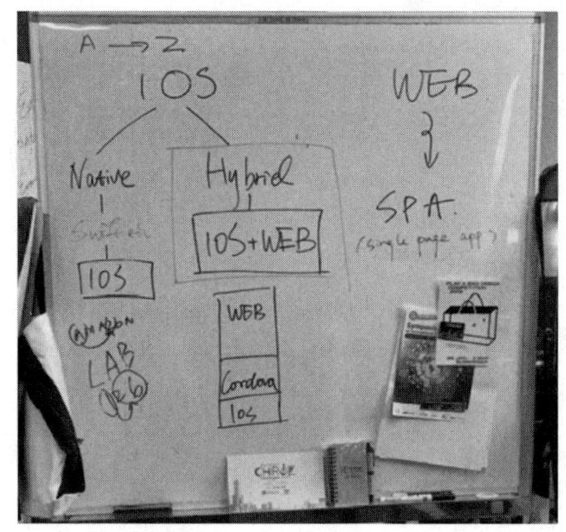

图 5.14　计算机科学专家在白板上写的三种 App 开发方法

图 5.15　在 Xcode 中编写 Cordova 来开发应用

在 App 测试的第二阶段，App开发与 Native 应用开发一起进行（图 5.16）。第一，App 开发的未来目标是上传到苹果商店。因此，开发 Web 应用是没有意义的，因为苹果不允许通过这种开发方式的 App 在苹果商店上架。第二，在香港找一个精通 HTML5 的后端开发者来开发 App，比找一个精通 Native 开发的后端开发者要容易和便宜得多。第三，混合开发的速度更快，更容易开发，而且大部分代码也可以用于后期的 Native 应用开发。

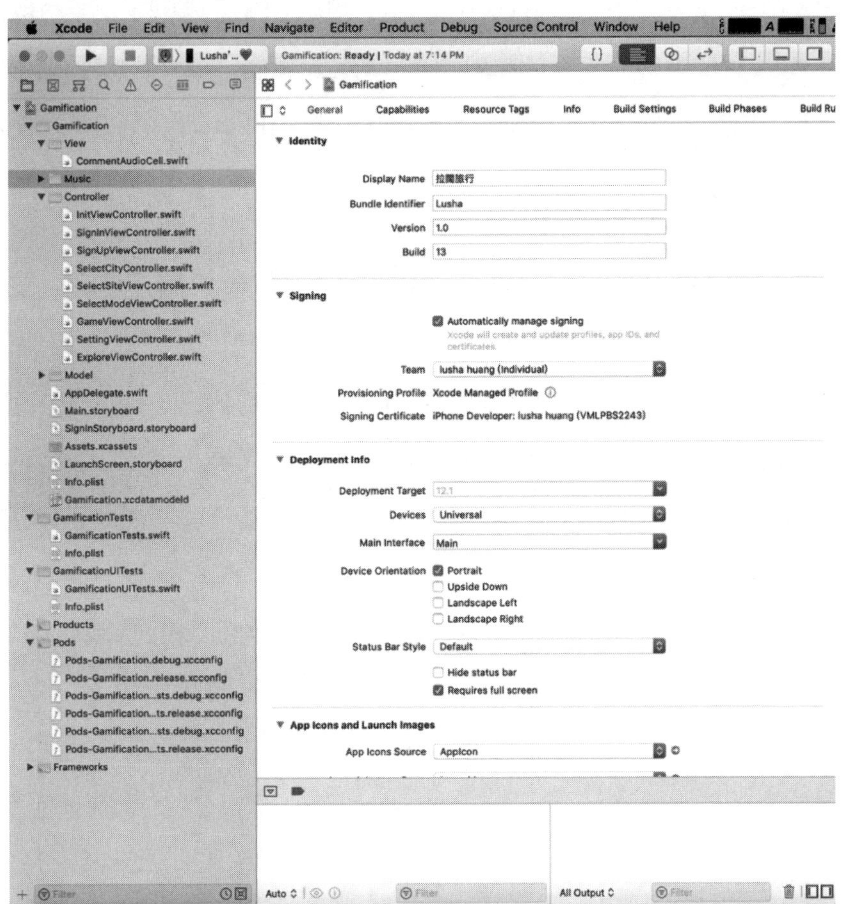

图 5.16　在 Xcode 中编写 Swift 开发应用的截图

应用测试的第一阶段，也就是混合应用开发，我们与学校计算机专业的一位高材生合作。与他见面讨论方便，意味着我们能迅速找到故障，并迅速迭代开发。这款混合应用是由 Corona 编写的，Corona 是一个 iOS 应用库，允许被构建在 iOS 平台上。基于 Cordova 的应用程序的核心是那些用 Web 技术编写的应用程序——HTML、CSS 和 JavaScript。关于应用程序测试的第二阶段，即 Native 应用程序开发，我们与一位经验丰富的 iOS 开发人员合作。他以其丰富的技术、背景和编码方法进入项目。我们为开发者准备了产品需求文档（PRD），包括应用的流程图和网站地图。原生开发是用 Swift 编写的。Swift 是苹果公司设计的一种比较现代的编程语言。

在本节中，将讨论基于高保真应用的两轮主要的应用用户测试。第一轮用户测试在 2018 年 3—8 月对 9 名视障人士进行了测试，重点测试了错误和功能提升；第二轮用户测试在 2019 年 4 月对 30 名视障人士进行了测试，重点测试了出行设置中游戏化功能的错误和用户反馈。他们都熟悉 iPhone 和 VoiceOver 的使用。

5.4.1　第一阶段 App 测试

2018 年 4—8 月，我们对 9 名视力障碍者进行了首次用户测试。9 人中有 5 人是全盲，2 人只有光感，2 人是弱视。测试前，我们写下了对应用测试结果的假设和想法。它能帮助我们全面思考测试可能出现的情况，以及着重观察的方向。第一，45 岁以上的用户对游戏功能会不会很感兴趣。第二，向他们提供任务，比如检查点和获得奖励会不会吸引和触发用户。第三，与视力正常的人不同，他们看不到视觉元素，所以他们是否认为“游戏化”真的能帮助他们提升体验。第四，游戏化技术对视障人士的效果已被一些框架验证，但游戏化技术是否对视障人士也有效。第五，视力障碍者在使用该应用时的情感感受。第六，他们可能会不会为应用付费。此外，还有其他与未来商业模式有关的问题。

在 App 测试之前，邀请了一位名为小明的视障人士来香港理工大学参加 App 测试。这有助于测试这款 App 的无障碍性。他指出，设计者和开发者忽略了一个至关重要的问题——注册过程。当用户试图输入他们的信息尤其是电子信箱时，键盘应该根据需要输入的信息进行调整。如图 5.17 所示，截图左侧使用的是基本键盘。右边的屏幕要求他们输入电子邮件时，应该自动调整成带“@”的键盘。这一个小的界面变化显著提高应用程序可用性。

我们把校园里的五个地点都走了一遍，发现图书馆周围的 GPS 信号比较弱，因为接入 GPS 信号的建筑物太多。香港高楼林立，室外上网信号弱是一个普遍问题。经过征求计算机科学专家的建议，并与开发人员讨论，我们在图书馆附近增加了三个触发点，并将触发范围从 30 米调整到 40 米（图 5.18）。

图 5.17　键盘根据输入内容调整截图

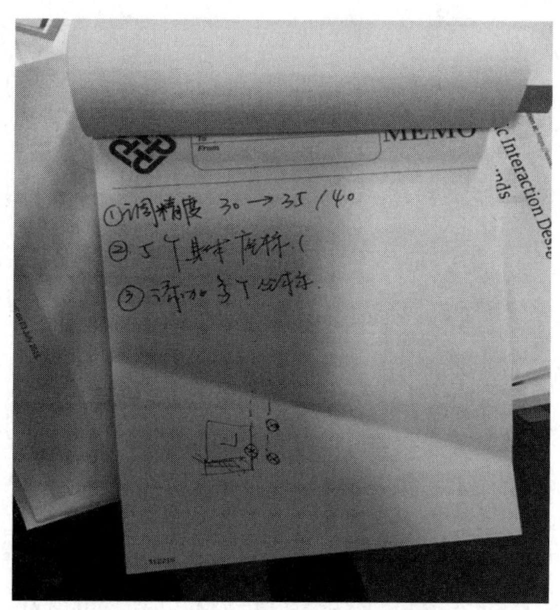

图 5.18　关于调整触发点的笔记

2018 年 3—8 月，我们邀请了 10 位参与者在香港理工大学进行测试，这是测试这款应用最方便的地方（图 5.19）。

图 5.19　第一阶段应用测试

在应用程序的测试阶段，要求参与者在校园内步行半小时使用该应用程序。之后与参与者进行了 40 分钟的用户体验讨论。本次测试的任务是我们制作的 App。这对于有视觉障碍的人来说是很熟悉的，因为他们之前已经在 iPhone 上使用和测试过很多 App。我没有教他们如何使用这个 App，因为用户可以自己下载和使用这个 App。所有的参与者都能自发地说出自己内心的语言，他们可以随时回溯自己之前使用过的 App。如前一章所述，“大声思考（think aloud）”是一种研究方法，即参与者在完成任务时，大声说出他们想到的任何词语。在测试阶段，我们进行了“大声思考”方法，要求参与者在处理界面和应用程序练习时，将他们所想、所感、所做、所看的任何事情口头表达出来。我以前作为参与者和研究者都进行过这个协议。作为一个使用“大声思考”方法的参与者，认为自己对这种方法不太习惯。这是因为我能够看到并使用我的视力而不是我的语言来表达我的感受和看到的东西。其他明眼参与者在测试“大声思考”方法时也发现了这一点。然而，这种方法是这项研究的重要工具，通过观察，有视觉障碍的人往往更善于对话。这是因为与视力群体相比，他们不断地谈论他们的情绪，描述他们的感觉、触觉、听觉和嗅觉。在这种情况下，作者呈现的报告中的大部分应用改进都是基于“大声思考”方法的。另外，研究人员在测试过程中必须以开放的心态进行这种方法。

以下是我在 40 分钟的用户体验讨论中向与会者提出的问题：

（1）你以前来过香港理工大学吗？

（2）你对这个应用的使用情况是否满意？

（3）以下是这款应用的五大功能。你能分享一下你对这五大功能的使用体验吗？

1）必去地点推荐。

2）自动报到。

3）关于网站介绍的语音说明。

4）使用应用程序时，个人登录 / 记录周围的环境。

5）奖励。

（4）你最满意的功能是什么？为什么？

（5）您有什么建议可以添加到这个应用程序上，以提高您的旅行体验？

（6）你能告诉我这个应用和你之前使用过的旅游应用有什么不同吗（比如，过程、你的感觉、任何与感官有关的东西）？

（7）你在使用这款应用时，有没有遇到什么不便？如果有，你有什么建议可以改善这个应用吗？

（8）在尝试了这款游戏化旅游应用后，您会向其他视障人士推荐这款应用吗？

所有的参与者都对这个应用程序的无障碍性感到满意，他们都认为这是一个易于视障人士管理的应用程序。以下是关于加强这个应用的建议：

（1）增加振动或声音来表示他们的录音要开始或结束。

（2）增加一个“重要设施建议”，方便用户找到洗手间或饮水机。

（3）在 App 中的盲文信息板上增加语音引导。

关于每个点位的描述，一位参与者建议，在描述中可以使用数字，如“可以坐多少人？”“可以容纳多少本书，或者哪些可以少一点？”一位与会者还表示，如果能增加更多有趣的信息，将非常有用。她接着说：

“这个应用可以介绍某种我们可能会在这里购买的纪念品，或者讲一些有趣的故事或者鬼故事等。鬼故事只是一个例子，鬼故事可能很恐怖，App 可以在

每个景点讲一些有趣的故事。由于你的 App 中的景点是大学，你可以在 google 上搜索‘大学里必做的五件事’。App 可以尝试描述更多有趣的、不同类型的故事。当然，不同的景点有不同的故事和文化。如果你能充分了解每个景点，你就能提供该景点的信息和故事。”

根据参与者的建议，我们就在每个景点的语音描述中加入了一些有趣的故事。另外，在目的地的描述中，可以多增加不同感官角度的描述，多用口述影像来描述视觉元素。特别是对于那些从出生就失明的人来说，他们已经被告知物体是什么样子的，因此口述影像应该使用他们熟悉的物体来描述视觉元素，这样，他们更容易在脑海中进行“想象”。在这之后，除了阅读有关视障人士口述影像的文献评论外，2019 年 1 月我们还在香港口述影像协会创始人兼 CEO 梁凯程博士进行了专家访谈。梁博士刚刚在英国完成了关于口述影像的博士学位。她提供了几个必要的技巧，并帮助我们根据户外活动的背景，在粤语的语境下修改了指南。和梁博士的访谈是一个宝贵的资料来源，这在其他任何地方是无法接触到的。在市面上针对中文语境下的口述音像的资料非常少。此外，很少有研究提供关于户外旅行的口述影像的框架或指南。以下是梁博士为“口述影像培训课程（户外活动）”撰写的口述影像指南：

（1）从一般到具体。先描述概况，再进入细节。

（2）描述一下具体的颜色。用更多的词来描述一种颜色，例如：不要说“红”，而要说“酒红”，“血红”或“砖红”。

（3）使用比喻。如不要说“高大”，可以说“它像门一样高大”，也可以从听众的角度描述物体：如“抬头看，你会发现……”

（4）描述材料。材料和质地应包括在 AD 中。

（5）利用声音、触觉和嗅觉。语音描述的旅游应该是多感官的。以触觉和嗅觉为辅。

采访结束后，为了更好地了解如何在真实的语境中描述户外物品，2019 年 3 月 9 日，我们还参与了梁博士组织执行的户外活动口述影像服务。该活动由香港社会创新资助的孵化器 SIE 资助（图 5.20）。

根据梁博士的指引和建议，我们修改了语音描述的内容，并加入了应用程

图 5.20 参与为户外活动提供的口述影像服务

式。参照参与者的意见，我们认为由真实的声音来描述景点比由机器人人工智能语音转换的声音来描述更能吸引视障人士。因此，我们邀请了一位专业的主持人为这个项目提供配音。

经过第一次用户测试，我们发现只有一小部分参与者是完全失明的。那些在一定程度上还能看清的人，仍然希望用眼睛去看应用中的界面。因此，我们对界面进行了修改，使所有图像和文字的视觉效果都达到了国际标准。在这次应用测试中，我们还仔细考虑了对比色的无障碍性和模拟不同色盲的问题。通过使用 Sketch 插件 Stark，所有图像和文字的视觉效果都达到了国际标准，即对比度至少达到 4.5:1(AA 级)。大部分图片和文字甚至达到了国际标准上的 AAA 级，即对比度应该保持在 7:1 以上。该测试确保了该应用程序提供了出色的对比度、可读性和可读性（附录 12 和附录 13）。有几位参与者提出，应用程序在某些页面上需要一个返回按钮，他们习惯于在屏幕右上方找到返回按钮来返回其他页面。根据他们的要求，我们在应用界面上增加了返回按钮（图 5.21）。这再次证明应用测试的重要性，只有通过不断地对用户进行应用测试，才能更好地打磨这款 App。 另外值得一提的是，作为一个视力正常的用户，我们习惯于从左到右滑动来返回屏幕。然而，当启用“VoiceOver”功能后，“从左向右滑动”功能被锁定。

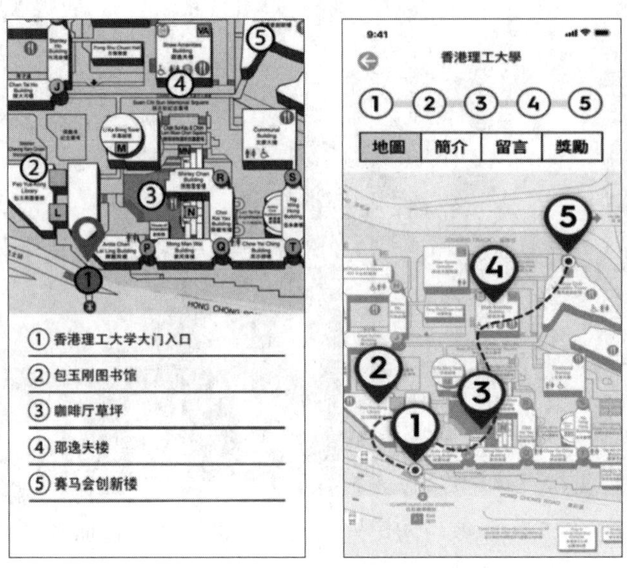

图 5.21　界面修改后的版本

“留言”功能被添加到每个页面，而不仅仅是在概览页上（图 5.22）。在与每个景点相关的页面上留言比只在一个单独的页面上留言更方便。正如一些参与者提到的“我可以在听完其他留言后，立即在同一个空间分享我的感受。”

图 5.22　增加“留言”按钮

5.4.2　第二阶段应用测试

在寻找用户测试的参与者时，研究者会告知：①调查的目标；②预期的工作量和时间长度；③需要至少对 iPhone 有中等程度的了解；④完成用户测试可获得 100 港币的超市优惠券补偿。2019 年 3 月，在不同的 Whats App 群组中发布了招募应用测试参与者的信息，主要由视障人士组成（图 5.23）。参与者必须满足以下条件：① iPhone 用户；②年龄为 18 ～ 55 岁。此外，还要求参与者具有不同程度的视觉障碍。

图 5.23　第二阶段应用测试

在开始第二阶段的应用测试之前，加入了 iOS 开发者计划，以确保为终端用户提供功能齐全的应用。测试版应用被开发并上传到 App Store Connect，这是一套管理 App Store 上销售的应用的在线工具。第二阶段的应用测试使用了 App Store Connect 平台中名为 TestFlight 的工具。TestFlight 便于邀请用户对 iOS 应用进行安装和测试，使开发者在 App Store 发布应用之前能够收集反馈意见。

在进行应用用户测试和进一步的访谈之前，研究者进行了两次预访谈，以进一步培养访谈者的技能。这两次测试能够检验用户测试指南，包括面试问题以及面试和应用用户测试的程序。从这两次预测试中发现了几个主要方面：

（1）应用测试要求用户在实际地点进行测试，即在校园户外进行测试。由于

4 月的香港天气炎热，在用户完成用户测试后，研究者邀请用户在室内进行面试，此时研究者给用户准备一瓶水。

（2）在确认用户测试时间前，研究者需要先确认当天天气情况：当时正值香港的雨季，有些视障人士需要导盲犬陪伴，如果下雨，他们可能会因为雨天带着导盲犬不方便而取消测试。

（3）通过这次预测试，让研究者更好地提升了用户测试指南和面试指南。由于时间有限，所以研究者应该按照明确的指南一步步来，按时完成测试和面试。

（4）研究者需要准备一部备用的 iPhone，以防来测试 App 的参与者的手机不能使用。

（5）在用户测试之前，研究者需要向参与者申明，用户测试只关注应用本身，而不是关注用户的能力，他们应该随时提供任何他们认为可以提升应用的反馈。

（6）研究者需要在测试的前一天发送一条带有详细信息的消息来提醒参与者。

除此之外，研究者还在测试结束后给他们发了一封感谢信，告知他们可以发短信给我分享任何进一步的想法。另外，研究者可能会有一些问题，应该让他们在测试后能够回复，这对于帮助建立与所有参与者的关系是很有效的。参与者的年龄、工作、性别和眼睛状况各不相同。参与者的年龄从 18 岁到 55 岁不等。30 名参加者中，11 名女性，19 名男性。参与者中包括 16 名全盲者和 14 名低视力者（中度和重度视力障碍）。在全盲者中，有 10 人从出生时就失明，其余人则是在出生后失明。参加者的详细资料摘要见表 5.1。

表 5.1　　参加者的背景资料

测试者	年龄	性别	视觉情况	教育程度	工　作	年收入（港币）	iPhone 型号
1	33	男	天生全盲	高中	公益机构社工	85000	6s
2	43	男	天生全盲	高中	文员	90000	XS
3	31	女	严重视力障碍	本科	公益机构社工	15000	6s
4	33	女	严重视力障碍	大专	公益机构社工	100000	6

续表

测试者	年龄	性别	视觉情况	教育程度	工　作	年收入(港币)	iPhone 型号
5	45	男	从 24 岁开始全盲	高中	政府志愿者	0	6
6	29	男	从 19 岁开始全盲	高中	公益机构社工	60000	XR
7	30	男	从 16 岁开始全盲	初中	无工作	0	XS
8	21	女	天生全盲	本科	无工作	0	SE
9	26	女	从 24 岁开始全盲	高中	公益机构社工	60000	5s
10	55	女	中度视力障碍	高中	公益机构志愿者	0	6plus
11	45	男	严重视力障碍	初中	无工作	0	6
12	52	男	严重视力障碍	高中	在家务工	0	6
13	41	男	严重视力障碍	高中	跨国科技公司员工	240000	XR
14	32	男	天生全盲	高中	公益机构社工	400000	6s
15	24	男	天生全盲	硕士	公益机构社工	200000	XS
16	25	男	天生全盲	高中	公益机构社工	100000	6s
17	26	女	天生全盲	大专	顾客服务	200000	SE
18	26	男	严重视力障碍	本科	公益机构社工	150000	SE
19	26	女	中度视力障碍	本科	本科在读生	0	X
20	19	女	严重视力障碍	大专	本科在读生	0	7plus
21	50	女	严重视力障碍	高中	家庭主妇	0	5s
22	49	女	严重视力障碍	本科	家庭主妇	0	6
23	38	男	天生全盲	高中	文员	120000	7
24	28	男	天生全盲	高中	按摩师	80000	SE
25	28	男	从 14 岁开始全盲	大专	鼓手	70000	7
26	43	男	从 12 岁开始全盲	高中	公益机构社工	300000	8
27	53	女	严重视力障碍	高中	家庭主妇	0	6

续表

测试者	年龄	性别	视觉情况	教育程度	工　作	年收入（港币）	iPhone 型号
28	55	男	严重视力障碍	高中	退休	300000	7
29	27	男	严重视力障碍	本科	公益机构社工	120000	6s
30	24	女	全盲	本科	跨国科技公司员工	230000	XS Max

App 用户测试时间约为半小时，进一步的面试时间约为 1 小时，全部用粤语进行。参考者到了室内后，研究者让他们安装应用程序，并观察他们第一次使用应用程序的情况。此时，研究者让他们想说什么就说什么。然后，研究者开始在校园里使用这个应用程序。研究者鼓励他们随时想说什么的时候就说，即大声思考法（think aloud），否则，他们可能会忘记关于他们使用此应用程序遇到的问题。

所有的应用程序用户测试和进一步的深度访谈都进行了录像和录音，并制作了完整的中文记录。深度访谈的问题见附录 14。在应用程序测试和访谈过程中，研究者记录了参与者的反应，包括非语言交流和他们的面部表情如皱眉和身体语言如挠头或仰头。同时，研究者还招募了志愿者，他们都是香港微信群“香港活动 HKE”的硕士生。这些志愿者不仅帮研究者从公交站或地铁站接送参与者，还拍下视频记录整个用户测试过程，让研究者能更好地专注于观察用户的行为。根据 Creswell 的指导原则，在用户测试过程的一开始，研究者就明确了研究的目标，并要求每一位参与者都要签署一份知情同意书，保证他们的匿名性和保密性。

通过第一阶段的应用测试，尽可能多的功能和特性增强已经被添加并内置到应用中。第二次应用测试有两种目标：错误修复和游戏化测试。首先是修复所有的错误，以确保未来在苹果商店上的可用性。在用户测试后，对几个错误问题进行了修正。

最初的界面和设置因为确认按钮被键盘覆盖，iPhone6 以下机型的用户在注册应用时无法使用确认按钮（图 5.24）。为了解决这个问题，重新设计了界面，将输入框移到了页面较高的位置。

另一个重要问题是“VoiceOver”功能的错误。在启用“VoiceOver”功能后，当屏幕上的某个项目被选中时，其周围会出现一个名为“VoiceOver Cursor”的黑色矩形。用户没有选择任何东西，光标却显示出来了（图 5.25）。在使用“Voiceover”功能进行开发时，该错误经常发生。开发人员很快就修复了这个错误。

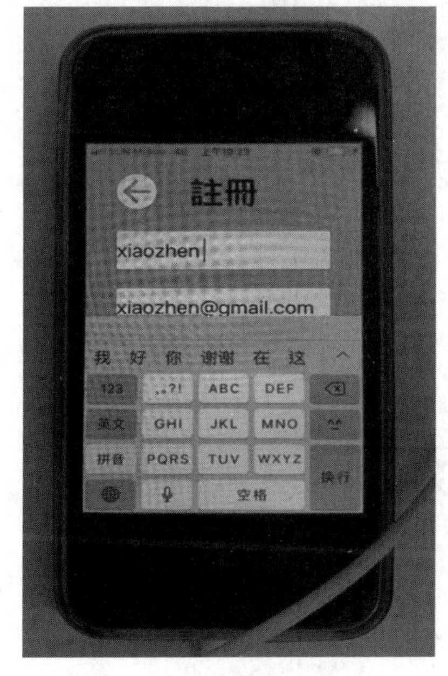

图 5.24 键盘覆盖了确认按钮

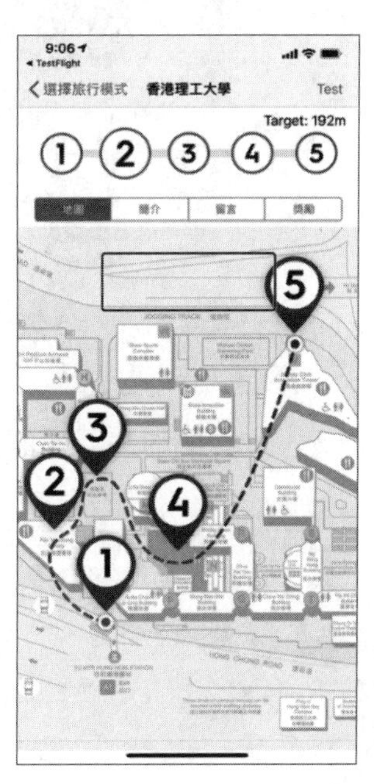

图 5.25 “VoiceOver”功能中的光标错误

同样的问题也发生在“VoiceOver 光标”上。作为一个设计者，我出于审美的目的，尝试将光标与被选择的项目对齐。左图是当前的对齐方式，右图是该项目的理想对齐方式（图 5.26）。但是，开发者表示，由于“VoiceOver 光标”的对齐方式是由 iOS 系统设定的，所以没有办法改变。

还有一个目的是测试游戏化的功能，看看使用这个应用和不使用这个应用的区别，并收到用户的反馈。这将在 5.5 用户测试结果章节中介绍。第二阶段的 App 测试采用了迭代开发的过程，在每次迭代中修正错误。关于功能和错误，研究者迅速起草了几份报告，并发送给开发者。开发者迅速修改代码，重新开发代码，并将应用程序上传到 App Store Connect（图 5.27）。

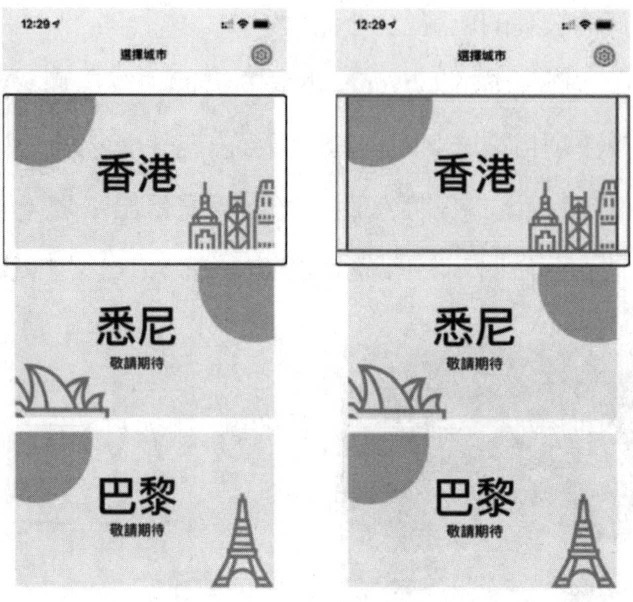

图 5.26　屏幕上“VoiceOver 光标”的对齐方式

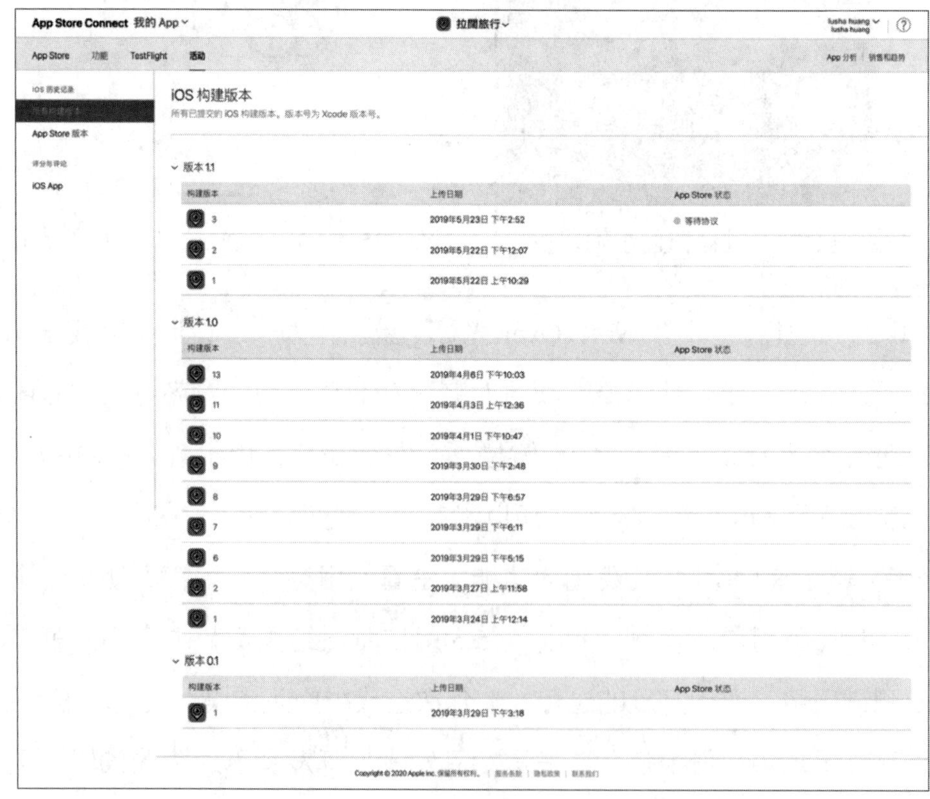

图 5.27　将应用重新上传到 App Store Connect 上的截图

5.5　应用测试结果

本节主要介绍游戏化的功能，以及使用该应用与不使用该应用在出行体验上的区别。在 30 名参与者中，有 28 人曾到过香港理工大学。2 人没有参观校园，但他们来到了大学的入口处。他们在校门口停留的原因是他们不确定公众是否可以进入大学。

为了更好地了解他们的反馈，先采用了定量的方法，考察参与者对 App 的满意度，然后再进行定性分析。在 App 测试后的访谈中，研究者提出了以下问题：

（1）与没有应用程式时相比，应用程式对您的旅游体验有什么提升？

其答案的均值为 2.23，标准差为 0.41。

（2）当您开始使用这款应用时，您对它的易用性有多满意？（从 −3 到 3，−3 表示完全不容易，3表示非常容易）。

其答案的均值为 2.67，标准差为 0.5。

（3）在协助您实现无障碍方面，您对这款应用的满意度如何？（从 −3 到 3，−3 表示完全不满意，3 表示非常满意）。

其答案的均值为 2.25，标准差为 0.41。

（4）如果您是低视力人士，请对用户界面的设计、颜色、可读性和对比度进行排名？（从 −3 到 3，−3 表示完全不满意，3 表示非常满意）。

其答案的平均值为 2.23，标准差为 0.42。

（5）总的来说，该应用在满足您的出行需求方面的满意度如何？（从 −3 到 3，−3 表示完全不满意 3 表示非常满意）他们的答案均值是 2.43。

这款 App 有 6 个基本的独特功能，请根据你的体验和感受给它们打分（−3 到 3）。访谈详情见 5.5 节。他们的喜好如下：

1）最受欢迎的功能是奖励。用户在参观完一个景点后，可以自动获得一段音乐和积分等奖励。

他们的答案平均值为 2.68，标准差为 0.46。

2）同样受欢迎的是留言功能。用户可以在离开前留言，比如说提示，或者是自己的感受，或者是给其他视障人士的经验。

他们的回答平均值为 2.68，标准差为 0.46。

3）第二个受欢迎的功能是推荐。该应用推荐附近的旅游景点、景点、餐厅和商店。

他们的答案均值为 2.67，标准差为 0.59。

4）第三个受欢迎的功能是音频片段介绍。当用户经过景点内的新景点时，应用会自动播放音频片段，描述不同感官的故事和建议。

其答案的均值为 2.61，标准差为 0.47。

5）不太受欢迎的功能是排行榜。用户可以为其他用户的语音评论点赞，他们的评论会出现在排行榜上。

其答案的平均值为 2.59，标准差为 0.7。

6）最不受欢迎的功能是两个版本选择。用户可以从两个现场体验中选择。探险版和寒战版。

其答案的平均值为 2.52，标准差为 0.62。

（6）在尝试了这款游戏化的旅行应用后，你会向其他视障人士推荐这款应用吗？（从 −3 到 3，−3 是完全不会，3 是极度会）

其答案的平均值为 2.6，标准差为 0.48。

（7）你下次出行会不会使用这个 App？（从 −3 到 3，−3 是完全不会，3 是极度会）

其答案的平均值为 2.8，标准差为 0.38。

上述所有问题都有一个开放性问题，让受访者提供更多信息。总的来说，结果是非常积极的。为了了解他们对使用这款应用以及游戏化功能的区别的看法，在他们对每个问题进行评分后，进行了深度访谈。应用测试数据分析遵循了归纳法（结果到理论）和演绎法（理论到结果）两种数据分析方法。之所以采用演绎法，是因为有一些框架可以用来验证游戏化体验，因此，结合了最新的知名游戏化验证框架，如 GAMEX、GAMEFULQUEST 和自我决定理论。GAMEX 有六个要素：享受、创造性思维、吸收、激活、支配和没有负面情绪。GAMEFULQUEST 的维度是：享受、游戏性、沉浸、情感、挑战、心流、竞争、技能、感官体验、存在感和社会体验。专门针对视障人士的研究很少，但可以利用归纳法为他们寻找模式。分析的结果是九个主题：独特性、趣味性、动机、参与性、自主性、能力、关系、无障碍性和今后的建议。

5.5.1　独特性

所有参与者都证实他们从未体验过这样的应用程序。Pokemon Go 的概念吸引了他们。其中一位参加者表示："当我使用这个应用程式时，我感到很开心和兴奋，因为有一个应用程式可以提供如此强大的功能，可以介绍不同景点的详细资讯。因此，我希望这个应用能在今后的日子里不断完善。"另一位参与者说道："来参加应用测试之前，我以为这是一个导航应用。后来我才知道这是一个帮助我们更好地了解那个地方的应用。即使有些人陪我去旅行，他们也未必知道每个地方的信息。我听完这些信息后，可以和我的朋友和家人交流和分享。"一位在苹果公司工作的参与者坚持认为，这款应用不仅独特，而且还可以帮助有视觉障碍的人，我保证你会成功，如果不成功，我会打电话给我的公司。

5.5.2　趣味性

第二个最受欢迎的主题是趣味性。综上所述，参与者使用最多的四个形容词分别是有趣、愉快、刺激和好玩，这也与研究者对其面部表情最常见的四种解释一致。参与者验证了，了解目的地的方式有很多，但玩游戏式的了解目的地更有趣。与其他传统的了解目的地的方式（如书籍、网络、旅行社）相比，玩与目的地相关的游戏更具有趣味性。受访者强调探索性游戏。探索性游戏用起来更快乐，用户通过游戏可追求娱乐性。这再次支持了游戏是为游客提供快乐体验的新方式的观点（Williams，2006）。大多数参与者将这款应用与 Pokemon Go 和 City Hunt 游戏联系起来。这些游戏很受欢迎，但对他们来说很难玩，因为这些游戏是基于视觉线索的。这个应用为他们提供了另一个玩 Pokemon Go 和 City Hunts 的机会，用户对此表示满意。所有参与者都提到他们会发现更多关于景点和地方的信息。他们中的大多数人都用"激动人心"这个词来表达他们第一次听到每个景点的描述时的感受。"以前没有任何一款 App 能做到这一点，我对这个功能非常兴奋。”当他们到达现场时，他们收到了一段音乐。这段音乐表示“祝贺”人们的成就。他们也很喜欢这段音乐，因为这段音乐是游戏式的欢快风格。大多数参与者都表达了他们对奖励功能的感受，认为这是一个有趣和特别的功能。其中一位参与者提到：“我很高兴能参与到应用测试中来，我真的很期待这款应用在未来会更加完美。”

5.5.3　动机

参与者们都急于按照 App 推荐的景点进行签到。事实上，30 位参加者中，有 28 位曾到访香港理工大学，但他们大多不知道校内有草坪。有明确目标的应用程序和奖励制度将激励他们在所有景点签到。参与者提到，他们在使用这款应用时有很强的目标感。“在使用这款应用之前，我和朋友来到理大，我们只是在闲逛。有了这个 App，我们现在至少可以按照 App 提供给我们的目标去走。”配备这款应用，视障人士可以了解到更多关于现场景点信息的细节，因为人们几乎不会告知他们。这将提高他们旅游的积极性。

5.5.4　参与性

其中一位受访者在谈到这款应用的参与度时说：“通过这款应用，你可以了解更多关于香港理工大学的背景、历史和建筑特色的细节。例如，我不知道学校的砖头是红色的。没有人告诉我具体的设计，但我现在设想，原来这些砖是从英国运来的，不知道有这么大。创新大厦这么大，可以容纳 1500 人同时工作和学习。我真的感到很惊奇，也很兴奋。我以前的认识是，一栋楼只能容纳数百人左右。大家都知道，香港很小。所以，在香港，太多人不能同时住在大楼里。对吗？不过，创新楼是很宽敞的。”

参与测试者提到，他们能全身心地投入到 App 中，App 所表现出的明确目标、即时反馈和挑战与技能平衡等关键功能。明确的目标设定和平衡的挑战，介于简单和困难之间，让用户进入了一个心流的情境。这些特点与心流理论（Csikszentmihalyi，1990）相吻合，在设计以产生心流状态为目的的体验时，需要考虑这些特点。

5.5.5 自主性

大多数人都提到了“自主性”，因为这个应用可以让他们自己获取信息，而不是被动地等待其他视力正常的人给他们“投喂”信息。一位与会者提到，他之前曾和一位视力正常的朋友一起参观香港理工大学，但他们仍然不知道香港理工大学在哪里，不知道该去哪里。他强调，这款应用可以让用户按照推荐的景点，比如为他们设定一些明确的目标来完成。同时，该应用还提供了两种出行模式（探索模式或寒暄模式），让用户能够更自主地出行。

5.5.6 能力

参与者都很满意这款应用为他们提供了一些明确的目标和任务，让他们去完成。特别是，他们可以通过听音乐自动收到反馈，检查自己是否完成了任务或达到了目标。这让他们明显地觉得自己能力还不错，能独立完成一些“具有挑战”的任务。

5.5.7 关系

超过 80% 的参与者对记录他们到达每个地点时的感受感到高兴。其中一位参与者提到：“终于有了一个让我们与其他用户互动的功能”。一位与会者说：“我可以和同样来过的朋友交流，听他们的语音留言。另外，如果草坪咖啡馆很棒，我们可以一起去那里。这个功能为我们提供了另一个增进友谊和相互联系的机会。”另外，几位参与者还提到，这款应用与他们玩的手机游戏类似，他们通常会在游戏中与其他玩家交朋友。他们在游戏中聊天，然后加对方的社交账号，最后可能会一起玩。在这款应用中，用户可以通过给排行榜上的任何用户留言，与他们交朋友。这个功能为他们提供了一个结交新朋友和扩大朋友圈的机会。一位参与者提到的另一个有价值的点是，录音还可以提供一些安全提示。他回忆了自己的不好的旅行经历，当时他去了一座山，他听到了河水的声音，闻到了空气中的香气。突然，他的头撞到了一块悬空的石头上。他评论说，如果有人在应用中留言警告其他用户，那就太好了。

5.5.8　无障碍

从无障碍的角度来看，总的来说，所有与会者都对应用程序中的按钮和图片留下了深刻的印象，这些按钮和图片都添加了标签，使 VoiceOver 功能能够阅读它们。他们提到了之前使用其他启用 VoiceOver 的应用的一些负面经验。由于按钮没有标签，一些按钮很少有“文字转语音 ”功能。这些低视力人士对应用程式界面的对比度感到满意。只有一位低视力人士为了使用应用程序而开启了反色功能（图 5.28）。

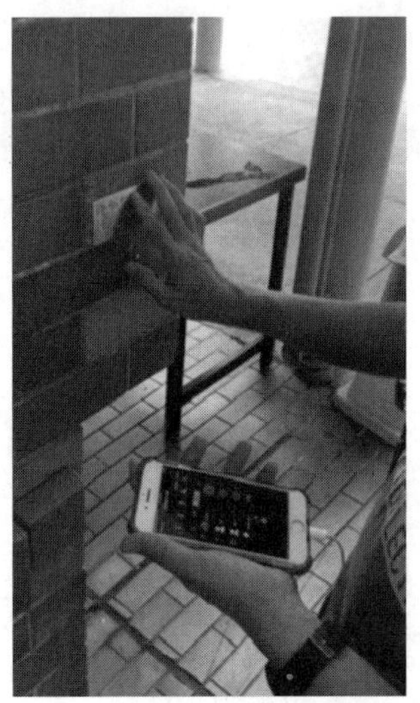

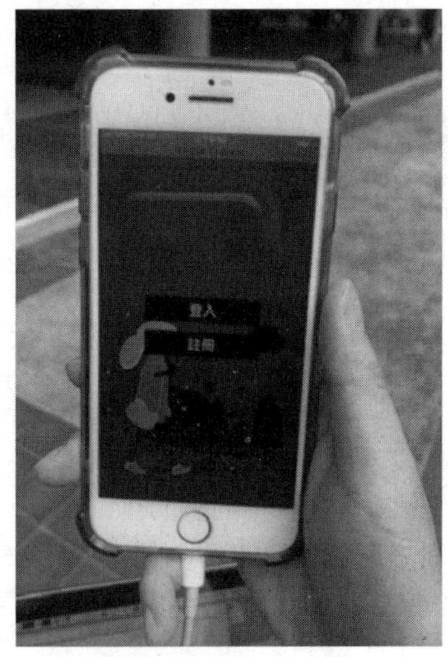

图 5.28　捕捉到的使用倒色模式的瞬间

5.5.9　今后的建议

被试者提出的此应用程式潜在特征和功能被总结为两大类：①一般功能；②商业建议。具体如下：

1．一般功能

（1）有些人提到他们会了解更多关于景点的信息；30 名参与者中的 28 人还提到了一个有价值的观点，即至少设计师可以提供更多的信息，让用户选择是听基本信息还是详细信息。对于那些时间有限的人，他们可以跳过详细信息。

（2）不仅使用音频播放每个点的描述，还可以添加文字，让用户使用“VoiceOver ”功能收听，文字可以让用户调整播放速度，节省用户的时间。

（3）不同的应用有不同的专业性和侧重点，如果这个应用可以转移到其他应用上，如 Openrice、Facebook 或 Google Map。另外，当用户想了解更多关于这个地方的信息时，这个应用可以链接到维基百科，这样也会增强这个应用的功能。

（4）奖励可以是多样化的，不仅仅是咖啡，还可以提供一些与景点本身相关的纪念品。

2．商业建议

（1）除了使用积分外，他们建议应用可以与不同的商店合作，然后在用户完成任务，从而获得优惠券或使用微信或支付宝购买东西时提供邮票。另外，邮票也会针对不同的节日提供不同的主题。其中一位参与者提到了节日主题，比如在圣诞节时，用户可以收集圣诞主题的邮票，换取圣诞小礼物，或者在春节时，收集一定数量的邮票，就相当于给用户一个红包。虽然视障人士看不见，但通过添加邮票内容的描述，还是可以感受到节日的气氛。

（2）有参与者提到，口述影像可以由一些公司赞助。赞助商购买描述每个景点的口述影像的命名权。

（3）一位参与者向我们提供了他关于积分兑换奖励问题见解。他认为 App 可以使用主题贴纸作为集合，在不同的特殊地方计入最终的奖励。目前，App 采用的积分系统只是普通的数字。“你可以和每个地方的那些人合作。比如在圣诞节期间，用户收集到一定的圣诞装饰贴纸，就可以获得一些奖励。通过不同的主题，你可以设计不同的贴纸，比如圣诞节的圣诞饰品或圣诞装饰品，以及新年的红包贴纸等”。

5.6 小结

总体而言，所有参与者都提到，他们一定会向同伴们推荐该应用，下次去旅行时还会继续使用。参与者也再三肯定了游戏化作为与旅游目的地互动的一个方向所具有的巨大潜力，并建议如果游戏化的应用设计得当，考虑到用户的动机和需求，一定可以提升用户在整个旅游过程中的旅游体验。

本章的应用测试结果支持将游戏化作为一种鼓励动机、参与和享受的手段。根据应用测试结果和前几章讨论的研究，可以开发一个为视障人士设计出行应用的游戏化框架（图 5.29）。

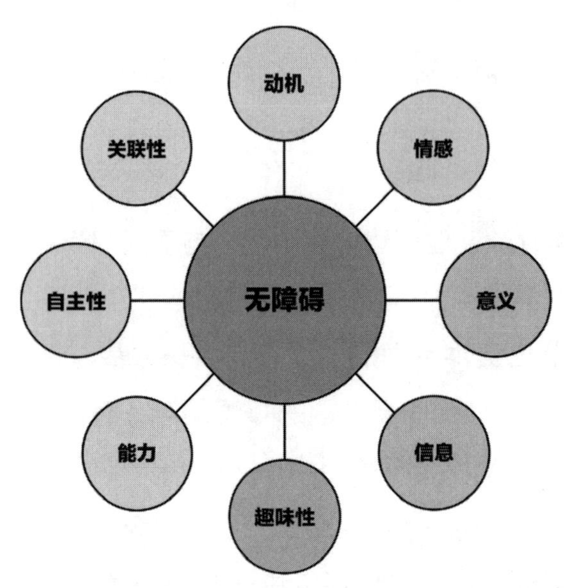

图 5.29　为视力障碍者设计出行体验的游戏化框架

无障碍性在整个框架的中间，被动机、情感、意义、信息、趣味性、能力、自主性和关联性所包围。最重要的考虑因素是全面实现无障碍。苹果公司在改善 iPhone 中各种功能的可访问性方面投入了显著的努力。因此，希望为视障人士甚至普通大众创建应用程序的研究人员、设计师和开发人员，需要遵循相关的国际和本地无障碍指南，以及充分了解 iPhone 上的所有无障碍功能。网上有详细的无障碍应用开发指南。为视障人士而设的游戏化系统，若不能完全使用手机的所有功能，便不能成功。正如 2.1.3 节所指出的，用户是游戏化的根本，而用户的动机最终会推动游戏的结果。因此，了解用户的动机对于创建一个成功的游戏化系统至关重要。如 2.1.4 节所述，情感，尤其是积极的情感，如快乐和兴奋，是令人难忘的旅游体验的重要组成部分。通过深入的访谈和观察，可以了解人们的动机和情绪。意义是另一个考虑因素。正如文献综述部分提到的，旅游是为了获取信息。游戏化功能应该满足他们获取信息的要求。如果不考虑对视障人士的意义和知识供给，游戏化技术只能算是一个名词。在有意义和提供知识的前提下，游戏化的核心是游戏性。自主性、能力性和关联性，是内在动机中的三个关键要素，也应该被评估。游戏化的功能是多种多样的。设计师应根据体验内容，结合视障需求，选择合适的功能。例如，在旅游体验内容中，知识和好奇心应该是必不可少的元素。因此，游戏化的挑战应该是考虑较少的。除此之外，市面上有很多 App，但视障人士使用的并不多，原因是信息量不够大，维护一个 App 需要大量的人力、物力。虽然概念令人印象深刻，但应用开发者能否维护好是另一个问题。

第6章 结论

本书的结尾部分首先概述了本研究的内容。随后，根据研究问题回顾了主要的研究结果，以及它们是如何提出本研究的目标的。在此基础上，强调了本研究对理论和实践的重大贡献。最后，讨论了本研究存在的局限性，以及本研究展望未来的工作。

6.1 研究概述

本研究试图探索移动应用设计如何解决香港视障人士的心理需求。这个目标是通过系统的调查过程来实现的。

本研究的主要研究问题是“如何通过移动应用提升视障人士的旅游体验？”可以通过对以下子研究问题的回答来提供答案。

1．香港视障人士使用辅助产品，特别是旅游应用程式的情况如何？

为了解决这个研究问题，第 1 章和第 2 章回顾了背景资料和相关文献。香港特区政府全面支援不同社群的残疾人士，包括视障人士的基本需要。香港已开发出各种辅助产品。然而，这些针对视障人士的辅助产品，特别是数码形式的产品，只能满足他们的基本需求，如导航和物体识别。为了解决现有研究的匮乏，本研究超越视障人士的基本需求，通过拓展视障人士的体验维度来改善他们的生活质量。已进行的研究表明，参与者对许多针对视障人士的可用应用程序缺乏对无障碍性的仔细考虑感到不满。此外，有数十款应用程式没有充分考虑目标用户的需要，最终导致这些应用程式失败。因此，服务视障人士的关键是要全面了解他们的需求范围和深度。如何了解他们的实际需求是至关重要的，这就引出了第二个研究问题。

2．研究者如何更好地了解视障人士的需求？

对于任何以用户为中心的设计来说，了解用户的需求和能力是至关重要的。本研究提供了关于实施共情设计的程序和感官民族学的方法的经验记录和全面描述，以了解视障人士的需求（见第 3 章）。同理心体验练习帮助研究者把自己放在与视障人士相同的环境中，这进一步加深了研究者对无障碍性在应用中的重要性的理解。因此，研究者把无障碍性作为这个项目的首要考虑因素。这个项目采用的是定性研究的方法，注重“深层数据 ”而不是“大数据”。体验设计由用户故事组成，并假设不同阶段的用户故事是实现更好设计的关键。只有深入的访谈和更多的解释性数据，才能唤起用户的真实故事和需求，而这不是数字或简单的问卷调查所能传达的。因此，选择共情设计研究有助于充分了解有特殊需求的人的实际愿望和局限。

3．视力障碍者如何利用其非视觉感官与世界接触，特别是在旅行时？

尽管视力障碍者可能面临困难，但他们总体上仍然可以过上积极的生活。多感官参与者观察和深度访谈显示了视障人士如何使用他们的非视觉感官与世界接触。两个主要的人种学研究的结果提供了关于视力障碍者如何使用他们的非视觉感官与世界接触的各种数据，特别是在旅行时。所有参与者都强调了感官补偿的重要性，这意味着采用听觉、嗅觉、味觉和触觉体验对视障人士来说是至关重要的。详细的研究结果可参阅 4.1.3 节。感官补偿部分的关键发现反馈到了应用设计中，例如提供不同感官的口述影像功能，使视障人士能够更好地了解目的地。结果显示，参与者希望实现自我实现，比如在满足生理需求后挑战自我、磨炼技能。以旅游者的身份旅行，远离熟悉的地方，可以促进个人发展。旅游可以提供一个了解自己能力的机会，获得自我肯定感、成就感。

4．如何设计移动辅助应用程序，以提高视障人士的旅行体验？

背景研究、研究 1 和研究 2 的结果表明，参与者有兴趣挑战自己，通过充

分的感官补偿获得对环境的深度描述。这是关键的见解之一。在这种情况下，将游戏化应用于移动应用被认为是提高视障人士参与度、享受度和积极性的有效策略。最终的应用测试结果表明，这种方法可以脱离传统上为视障人士提供的功能服务。游戏化策略可以增加游客对目的地的兴趣，并提供新的知识和吸引人的体验。在玩家和当地人之间，以及玩家和其他玩家之间建立联系，可以增强旅游体验，并影响人们与目的地的互动。我们可以开发一个游戏化的框架，为视障人士开发一个旅游应用。

该框架是通过涉及几个研究和不同参与者的阶段来创建的；在整个过程中，数据从不同的参与者群体中进行三角测量，以反映一致的定性结果。本研究中的理论基础支持了作为设计可能性的特征。所有已经提到的研究结果都与以往的研究一致。这个设计研究包含了大量的理论基础和研究框架，其目的是为了提高视障人士的出行体验。

在强调“无障碍”的前提下，这个框架可以根据具体情况进行调整。设计者应根据体验的领域（如旅行、购物、导航）以及与视觉障碍相关的内容选择适当的功能。例如，在旅游体验环境中，知识和好奇心应该是必不可少的元素。因此，游戏化的挑战考虑得较少。事实上，对于有视觉障碍的人来说，旅行对他们来说已经是一种挑战。这款应用让“挑战”变得更有意义和有趣，尤其是对视障人士的帮助。这两点是玩家上瘾的主要原因。对于那些喜欢旅行但又犹豫不决的人来说，这个应用程序给他们提供了支持和动力，让他们感觉更舒服。鉴于此，标准游戏化概念之一的挑战概念，在这个特定受众的背景下被转移了。在游戏化中获得即时反馈，是这些受众在旅行中获得利益的关键。一般来说，在进行共情设计研究时，彻底了解人们的需求是至关重要的，来自感官民族学的方法可以唤起被试者的记忆，并鼓励他们与研究者分享他们的日常生活经验。

在回答每个研究问题的基础上，强调本研究对理论和实践的重大贡献如下：

第一，作为对知识的首要贡献，本研究推进了对视力障碍者一般需求的理解，尤其是从移动设备的角度讨论了对知识和文献的贡献。

第二，本研究提供了关于程序的经验性说明和全面描述，以便研究者能够实施移情设计和感官人种学方法来了解视障人士的需求。

第三，本研究为游戏设计者提供了一个全面的游戏化框架，该框架主要来自现有的文献和第一手研究，以提高视障人士的旅行体验。本书采用了“通过设计实践进行研究 ”的方法，并详细记录了从开始到最终在苹果商店发布手机应用的过程。它为人机交互研究中产生的知识转移到人机交互实践中提供了一种新的方法。另外，还有一些数字工具可以为设计者测试手机上的无障碍功能，这也是本研究的重点。

第四，除了研究对设计视障人士应用的贡献外，该研究还有利于 iOS 的开发。研究结果对行业的实践有所贡献，突出了游戏和 iOS 开发者的意义，以及他们在实现实际旅游体验产品中的作用。最重要的是，这项研究的实际成果是一个完全可以使用的应用，可以从苹果商店下载，而不仅仅是一个原型。苹果公司的审查程序保证了一个应用遵循苹果商店公布的相关准则。

第五，本项目的实证研究结果为人们提供了一种全新的、更具包容性的旅行体验理解。它还显示了应用设计是如何为专用辅助技术提供一个经济实惠的选择。

第六，该研究为视障人士的出行体验提供了见解，并为政府机构、社会企业和服务视障人士的组织引入了一个框架。简而言之，本研究填补了缺乏针对视障人士心理需要的研究的空白。

6.2 研究的局限性

这项研究存在一些局限性，限制了研究结果的推广。首先，研究是在香港这个发展成熟的城市进行，香港的辅助仪器已能满足视障人士的基本生活需要。因此，研究结果不一定适用于其他发展中地区或城市。另一个局限性是样本量小。正如 Chmiel 和 Mazur 所说：事实上，包括盲人和弱视参与者在内的接待研究的主要障碍之一就是接触他们。作者努力联系了香港、广州和纽约所有为视障人士服务的机构，并积极地参加了诸多专门为盲人举办的活动，以招募符合本次研究要求的意向参与者。本次研究主要集中在香港，参与者不超过 100 人。虽然有不同的视障受试者参与本研究，但理想的情况是可以有更多的参与者参与。

但不足的是，本研究的参加者大多来自低收入背景，而且他们主要与两个机构有关联。潜在的目标用户收入较高，有更多的机会离开他们的家乡 / 国家，可能需要一个更细致的定制方法，涉及安全和文化因素等。此外，本研究只探讨了基于大学环境的游戏化测试，但旅游有不同的类别，如城市和乡村环境、主题公园、文化遗址等。不同类型的环境可能适用于不同的游戏化概念。

一些研究表明，从新奇效应的角度来看，游戏化的结果可能不是长期的。Morschheuser 等人强调：游戏化项目不应该被视为典型的确定性软件项目。一个成功的游戏化项目应该永远不会结束，因为它将成为组织工作方式的一部分。这个观点引出了下一节：未来计划。

6.3　未来计划

本项目开发的应用程序可以在苹果商店中上架并可以被下载（图 6.1）。

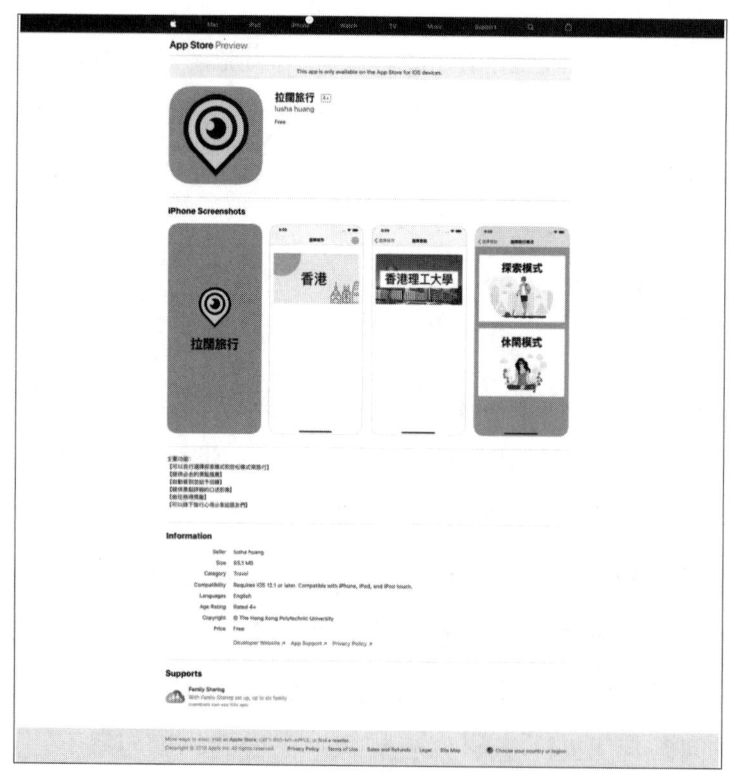

图 6.1　苹果商店中的 Lively Tour 应用截图

成功提交到苹果商店后，将收到终端用户的有用建议和反馈。该应用仍然可以按照应用开发的迭代过程来修正错误，增加更多的功能。如果能将游戏化的理论框架应用到旅游的其他领域，如城乡环境、文化遗址、主题公园、风景区等，发现潜在的问题将是非常有用的。研究者首先在参与者中传播这款应用，然后请他们通过网络进行推广。目前在苹果商店上架的此款应用程序只有一个探索目的地。使其规模和内容能够吸引更多的用户是至关重要的。本研究被主要建议的是，应该与相关机构合作申请基金使研究规模不断扩大，如社会创新与创业发展基金（SIE 基金）—— 一个通过创新解决方案创造社会影响力的基金。另一个维持项目方向的可行方向是与关心社会影响力的公司合作。应用程式的内容会加入香港不同的旅游景点。如有可能，该应用将把内容扩展到其他主要旅游城市，如北京、巴黎和东京等。随着社区的发展，用户可以建立全面的本地化信息数据库。这些信息会随着社区的发展而增长，形成一个完全由人群组成的世界旅游地图。

除了从应用开发的角度来看，从研究的角度来看，这项研究表明，香港的基础设施是高度无障碍的，香港居民对这些基础设施对视障人士的无障碍性的认识和了解是比较正面的。这是因为香港特区政府注重营造和提升一个共融的社会，让所有个人在不同的生活领域都能享受到平等和尊重。由于这个共融的社会，我们有更多的机会在有特殊需要的人士的基本需要以外，进行更有意义的研究。本研究为将来研究香港视障人士的心理需要打下基础。以此研究作为一个重要的起点，有很大的空间在香港作进一步的实证研究，并探索香港视障人士未来研究的其他方面。本研究中的方法，如共情体验练习和感官人类学的技术，已被证明是有效的，可以进一步发展以调查其他特殊需要的人的需求。虽然这个游戏化框架是基于旅行环境专门开发的，但它也可以在其他情况下实施，如教育和医疗。在开发游戏化应用时，主要的变化应该是根据用户的需求，选择不同比例的各种游戏化功能。此外，本项目中提出的对伦理问题的全面考虑（见 3.3.1.5 节）也可以作为进一步研究的对象。未来，香港的数码共融和提升有特殊需要的人士的体验将会越来越多。整体来说，研究人员肯定需要付出巨大的努力，在科技发展的同时，采用同理心的研究方法，发掘视障人士的实际需要，并持续开发辅助数码产品。

附　　录

附录 1　为视力障碍者设计的应用程序详细清单

名字	发布年份	国家	公司	类型	描　述	网站链接	其他链接
手机基本辅助功能							
VoiceOver	2009	美国	苹果	iOS	Voiceover 功能是 APPLE 公司在 2009 年 4 月新推出的一种语音辅助程序	https://www.apple.com/accessibility/iphone/vision/	
TalkBack	2009	美国	谷歌	Android	TalkBack 是 Android 平台上最典型的无障碍应用。它可以帮助视障用户与他们的设备进行互动。TalkBack 为安卓手机增加了口语、声音和振动反馈	https://play.google.com/store/apps/details?id=com.google.android.marvin.talkback	
物体识别类							
iYomube	2015	日本	阿美迪亚（Amedia）株式会社	iOS	用于印刷品的光学字符识别的应用程序。 “文本模式”可将印刷品作为连续的文本进行读取。 “块模式”可以让你找出文字块在屏幕上的位置。 无需按下按钮 -- 当相机停止移动时，就会自动拍照！ 捕捉到的文字会自动保存到剪贴板	http://www.amedia.co.jp/chinese/product/iyomube.html	https://itunes.apple.com/us/app/iyomube/id774360278?mt=8

续表

名字	发布年份	国家	公司	类型	描　述	网站链接	其他链接
Be My Eyes	2013	丹麦		Android+iOS	《Be My Eyes》旨在帮助盲人或低视力的人。该应用程序由盲人和低视力人士以及有视力的志愿者组成的全球社区组成。Be My Eyes 从科技和人际关系中获得能力，为视力下降的人带来视力。通过实时视频通话，志愿者为盲人和低视力用户提供视觉帮助，以完成从匹配颜色到检查灯是否亮起以及准备晚餐等任务	http://www.bemyeyes.org/	http://www.bemyeyes.org/faq/ https://www.youtube.com/watch?v=IfeLJxCSLC0&feature=youtu.be
Aipoly Vi-sion	Jul-05	美国	Aipoly	Android+iOS	《Aipoly Vision》的本意是一个用人工智能来帮助盲人“听到”眼前物体的应用，它能实时识别镜头前的物体、颜色，并语音告诉用户。由于它使用的是英语，对中国用户来说，这还可以充当个实时取景翻译工具	http://aipoly.com/	http://www.socialtech.org.uk/projects/aipoly/
盲景 BlindSquare	2012	芬兰		iOS	《BlindSquare》是一款适用于盲人和视障人士的应用程序，可帮助他们了解周围的环境。BlindSquare 使用 GPS 和指南针来定位您。然后，它从 FourSquare 收集有关周围环境的信息。BlindSquare 具有一些独特的算法，可以确定最相关的信息，然后通过高质量的语音合成与您对话。“方圆 200 米内最受欢迎的咖啡馆是哪家？邮局或图书馆在哪里？”BlindSquare 知道当您乘汽车，公共汽车或火车旅行时，会在您经过它们时开始报告在您面前有趣的地方（例如，下一站）和过马路	http://blindsquare.com/	

续表

名字	发布年份	国家	公司	类型	描　述	网站链接	其他链接
Seeing AI	2017	美国	微软	iOS	《Seeing AI》是 Microsoft 为 iOS 开发的人工智能应用程序。Seeing AI 使用设备摄像头识别人和物体，然后该应用程序会以声音方式为视力受损的人描述这些物体	https://www.microsoft.com/en-us/seeing-ai/	https://itunes.apple.com/us/app/seeing-ai-talking-camera-for-the-blind/id999062298
导航类							
overTHERE	2015	美国	Dmitrijs Prohorenkovs		overTHERE 是一款独特的无障碍应用，它可以帮助盲人通过使用虚拟的有声标志来探索和与周围环境互动。overTHERE 采用独特的视线算法，让用户将手中的手机指向任何方向，就能听到最近的地方作为虚拟说话标志。当直指虚拟标志时，语音是响亮而清晰的，但当你指向远方时，语音开始变得静止，因此你可以快速获得音频反馈，了解虚拟说话标志的确切位置。 水平握住手机可以让你使用虚拟说话标志界面探索周围的环境，但当垂直握住手机时，用户可以使用屏幕或 VoiceOver 来查看周围的标志列表。从列表中选择一个标志，用户就可以访问某个地点的详细信息，如地址、电话号码或网站。overTHERE 甚至可以让你创建自己的虚拟会说话的标志，这样用户就可以标记一些特殊的地点，否则可能很难再找到	http://www.labs301.com/overthere/index.html	https://www.ski.org/project/overthere

续表

名字	发布年份	国家	公司	类型	描 述	网站链接	其他链接
香港有声地图 Voice-MapHK	2016	中国香港	地政总署测绘处	iOS	《VoiceMapHK 香港有声地图》是一个数码共融流动地图应用程式。它能提供一站式地理资讯平台服务，地理资讯包括由地政总署提供的详尽数码地图资料和建筑物资料，以及来自不同政府部门的公众设施资讯	http://www.landsd.gov.hk/mapping/tc/VoiceMapHK/index.htm	
去街易 E-Guide	2016	中国香港	香港大学电子商贸基建研究中心	Android+iOS	去街易定向行动系统是一个室内定位系统，包含去街易发射器，智能手机和本应用程式。当智能电话接收到发射器之讯号後，能将其转为文字讯息，并透过文字转语音技术，告诉用家身在何处	https://apkpure.com/cn/e-guide-o-m-beta/hk.hku.cecid.arcturus	
BackMap	2017	美国			BackMap 是一款震动的背包，让你知道什么时候该向右转，什么时候该向左转。 而不用把手机从口袋里拿出来。每条肩带都包含一个振动马达，当用户需要向左或向右转弯时，振动相应的一侧。如果用户收到推送通知，两条肩带都会震动	https://techcrunch.com/2017/05/14/backmap-helps-people-who-are-visually-impaired-navigate-cities-and-indoor-areas/	
iMove around	2013	意大利	EveryWare Lab	Android+iOS	《iMove Around》支持视障人士独立行动。通过使用 iMove Around，用户可以: – 知道你所在的地址。 – 知道你周围的兴趣点（如学校、车站、酒吧等）。 – 保存与你的位置相关的文字说明。每次当你将接近保存的地方时，就会读到文字笔记	https://itunes.apple.com/us/app/imove/id593874954?mt=8	

续表

名字	发布年份	国家	公司	类型	描　述	网站链接	其他链接
iMove around	2013	意大利	EveryWare Lab	Android+iOS	– 自定义信息。例如，你可以选择被警告你所在的地址，当前的方向和速度，关于文字笔记，附近的兴趣点等。 – 阅读兴趣点的详细信息，然后：你可以打开系统导航仪到达兴趣点，打电话或访问网站（如果有的话）。 – 通过短信分享您当前的位置	https://itunes.apple.com/us/app/imove/id593874954?mt=8	
iWalk-Straight	2016	意大利	EveryWare Lab	Android+iOS	《iWalkStraight》是一款专为视力障碍人士设计的应用程序，在没有参照点的情况下，iWalkStraight 通过提供语音指示来帮助用户直行	https://apps.apple.com/us/app/iwalkstraight/id1137994131	
Seeing Eye GPS	2014	美国	Sendero Group LLC	iOS	《Seeing Eye GPSTM》是一款完全无障碍转弯的 GPS iPhone 应用，在美国和加拿大上市，具有所有正常的导航功能以及盲人用户特有的功能	https://itunes.apple.com/us/app/seeing-eye-gps/id668624446?mt=8	
Microsoft Soundscape	2018	美国	微软	Android+iOS	《Microsoft Soundscape》使用 3D 音频技术来增强你对周围事物的认识，从而帮助你四处走动，探索周围的环境。它会在 3D 空间中放置音频提示和标签，使它们听起来像是来自你周围环境中的兴趣点、公园、道路和其他特征的方向。你需要一副你觉得在户外佩戴舒适的立体声耳机。例如，骨传导耳机、苹果 AirPods 和入耳式开放式耳机都被证明是很好的选择	https://itunes.apple.com/us/app/microsoft-soundscape/id1240320677?ls=1&mt=8	

续表

名字	发布年份	国家	公司	类型	描　述	网站链接	其他链接
Microsoft Soundscape	2018	美国	微软	Android+iOS	《Microsoft Soundscape》的设计是活在背景中，为你提供毫不费力的环境意识。因此，可以随意将其与其他应用结合使用，如播客、有声读物、电子邮件甚至 GPS 导航	https://itunes.apple.com/us/app/microsoft-soundscape/id1240320677?ls=1&mt=8	
游戏类							
Perception	2017	美国	The Deep End Games	多平台	《Perception》第一人称生存恐怖冒险视频游戏，其中玩家扮演 Cassie Thornton 的角色，Cassie Thornton 是一名盲人女性，她通过回声定位来导航大厦。此技能可以使诸如 Cassie 的脚步声，水滴或流风之类的声音让玩家瞥见周围的环境。通过使用回声定位，玩家必须探索环境以检查物体并阐明游戏的故事。玩家还有一根拐杖，可以点击以提供任何给定房间的完整视图	http://www.thedeependgames.com/	
A Blind Legend	2014	法国	DOWiNO	iOS	由 DOWiNO 创建的用于手机的纯音频动作 / 冒险游戏 的协作项目。它基于一项非常创新的技术：双耳声音。在此游戏中，玩家仅受到 3D 声音的引导，并通过多点触觉手势控制他们的英雄来体验冒险	http://www.ablindlegend.com/en/home-2/	
Amnesia The Dark	2010	瑞典	Frictional Games	多平台	《Amnesia:The Dark Descent》是一款第一人称生存恐怖游戏。你陷入一场噩梦，要展开探索，逃出生天。这场体验将令你汗毛倒竖，血液结冰	https://store.playstation.com/en-us/product/UP1192-CUSA05882_00-AMNESIACOLECTION	

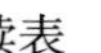

续表

名字	发布年份	国家	公司	类型	描 述	网站链接	其他链接
Alan Wake	2010	芬兰	绿美迪娱乐	多平台	《心灵杀手》使用了第三人称视角，在游戏中玩家必须操控故事中的主角，艾伦·韦克。在游戏中，一股黑暗力量将侵袭人类、动物、甚至是物品。而主要的战斗对象称为“黑暗俘虏”——一种形同黑影，使用铁锤、小刀、铁铲或电锯等武器的杀手。 黑暗俘虏受到黑暗魅影的保护，在破坏保护之前任何攻击都是无效的；他们只有在受到光照而失去黑暗的防护能力后才能被武器所伤害。这项设计使得手电筒在游戏中和常规的武器中扮演了相当重要的角色；此外，手电筒的光束也能用来瞄准敌人	https://store.steampowered.com/app/108710/Alan_Wake/	
Hotel Blind	2011	美国	Serellan	多平台	《盲人酒店》是一款模拟盲人在酒店房间的游戏。进入一个房间，在离开房间前完成五个目标	https://store.steampowered.com/app/108710/Alan_Wake/	
The Invisi-ble Puzzle	2016	意大利	EveryWare Lab	iOS	在《the Invisible Puzzle》中，用户必须只依靠声音来识别图纸！ 不过，你不需要成为一个音频工程师，只需要触摸屏幕，移动手指，就可以享受游戏的乐趣！ 你将通过 7 个章节的游戏来解开许多不同的谜题，从点到更复杂的图画，如物体和人物	https://itunes.apple.com/us/app/the-invisible-puzzle/id1051337548?mt=8	

续表

名字	发布年份	国家	公司	类型	描　述	网站链接	其他链接
Ear Monsters: A 3D Audio Game	2013	美国	EarGames	iOS	《Ear Monsters》是一款面向 iPad、iPhone 和 iPod touch 的街机风格的动作游戏，它依靠声音，而不是视觉效果来实现游戏的动作。游戏的基础是快速但熟练的听觉；怪物的出现速度很快，必须仅通过听觉快速杀死他们的位置。你需要戴上耳机才能玩	https://itunes.apple.com/us/app/ear-monsters-a-3d-audio-game/id652283694?mt=8	
疑案追声	2019	中国	NExT Studios	多平台	《疑案追声》将广播式的音频表演与沉浸式的多线叙事手法相结合，让听觉代替视觉，回到案发现场，解开神秘悬案	https://store.steampowered.com/app/942970/Unheard/?l=schinese	
见	2019	中国	腾讯	Android+iOS	《见》是腾讯追梦计划推出的一款体验视障人士生活与出行的公益免费游戏，由天美工作室群出品，让玩家以视障人士的视角去体验出行，关注特殊群体出行安全的问题，给他们创造更为便利的公共环境	https://apps.apple.com/cn/app/%E8%A7%81-%E7%9B%B2%E4%BA%BA%E5%87%BA%E8%A1%8C%E4%BD%93%E9%AA%8C%E6%B8%B8%E6%88%8F/id1454749693	
长空暗影	2019	中国	腾讯	Android+iOS	《长空暗影》则是专为视障人士研制的躲避飞行类听觉免费游戏，希望大家能通过《长空暗影》享受到听觉游戏的快乐。除了游戏本身的丰富乐趣，也希望大家可以和身边视障朋友一同来体验这款游戏，一起分享游戏的快乐，让世界变得更加友善	https://www.taptap.com/app/162252	

附录 2　研究 1 的访谈问题

以下是研究 1 的访谈问题：

1. 你每天经常去哪些地方？

2. 当你外出时，你会使用什么辅助工具？你使用什么技术？为什么要使用？

3. 你用什么应用程序来帮助你外出？你能给我看看吗？你能告诉我它们的优缺点吗？

4. 你平时都会做哪些休闲活动？

5. 你有没有去过香港著名的旅游景点？它们是什么？

6. 你曾否尝试过独自探索一个陌生的地方？你喜欢独自探索还是有人 / 喜欢家人 / 朋友带你去？

7. 当你独自外出时，对你来说最大的挑战是什么？

8. 当你探索陌生的地方时，你是如何运用感官来协助你的？

9. 你认为视力障碍者的其他感官比非视力障碍者的感官强吗？

10. 你是如何培养和训练自己的感官的？

11. 你是什么时候开始使用 iPhone 的？

12. 你能描述一下你有 iPhone 之前和之后的区别吗？

13. 你最喜欢的应用是什么？你会用手机玩游戏吗？

附录3 伦理审查申请书

To	Wirman Hanna Elina (School of Design)		
From	Koskinen Ilpo Kalevi, Chair, Departmental Research Committee		
Email	ilpo.koskinen@polyu.edu.hk	Date	20-Oct-2016

Application for Ethical Review for Teaching/Research Involving Human Subjects

I write to inform you that approval has been given to your application for human subjects ethics review of the following project for a period from 04-Jul-2016 to 04-Jul-2019:

Project Title:	Enhancing the Digital Products Experience for Vision-Impaired People using Empathic Design
Department:	School of Design
Principal Investigator:	Wirman Hanna Elina
Project Start Date:	04-Jul-2016
Reference Number:	HSEARS20161006001

You will be held responsible for the ethical approval granted for the project and the ethical conduct of the personnel involved in the project. In the case of the Co-PI, if any, has also obtained ethical approval for the project, the Co-PI will also assume the responsibility in respect of the ethical approval (in relation to the areas of expertise of respective Co-PI in accordance with the stipulations given by the approving authority).

You are responsible for informing the Human Subjects Ethics Sub-committee in advance of any changes in the proposal or procedures which may affect the validity of this ethical approval.

Koskinen Ilpo Kalevi

Chair

Departmental Research Committee

附录4 研究信息表

Annex V

INFORMATION SHEET

Enhancing the Digital Product Experience through Gamification for the Visually Impaired Using Empathic Design and Sensory Ethnography

You are invited to participate in a study conducted by Huang Lusha, who is a post-graduate student of the School of Design in The Hong Kong Polytechnic University. The project has been approved by the Human Subjects Ethics Sub-committee (HSESC) (or its Delegate) of The Hong Kong Polytechnic University (HSESC Reference Number: HSEARS20161006001).

The aim of this study is to assess and to explain the needs of visually-impaired people in order to propose innovative solutions to enhance their experience in the digital world. The study will involve completing an interview, which will take you about half hour or less. It is hoped that this information will help to understand the digital product used by visually-impaired people in order to develop better solutions.

The testing should not result in any undue discomfort, the interview session will be video recorded and photographs will be taken. All information related to you will remain confidential and will be identifiable by codes only known to the researcher. You have every right to withdraw from the study before or during the measurement without penalty of any kind.

If you would like to obtain more information about this study, please contact my chief supervisor Dr Hanna Wirman on tel. no.: +852 2774 5169; mailing address: V902d, 9/F, Jockey Club Innovation Tower (Block V), The Hong Kong Polytechnic University, Hung Hom, Kowloon,Hong Kong; email: hanna.wirman@polyu.edu.hk.

If you have any complaints about the conduct of this research study, please do not hesitate to contact Miss Cherrie Mok, Secretary of the Human Subjects Ethics Sub-Committee of The Hong Kong Polytechnic University in writing (c/o Research Office of the University) stating clearly the responsible person and department of this study as well as the HSESC Reference Number.

Thank you for your interest in participating in this study.

Huang Lusha
Principal Investigator

Hung Hom Kowloon Hong Kong 香港 九龍 紅磡
Tel 電話 (852) 2766 5111 Fax 傳真 (852) 2784 3374
Email 電郵 polyu@polyu.edu.hk
Website 網址 www.polyu.edu.hk

附录5 参与研究的同意书

CONSENT TO PARTICIPATE IN RESEARCH

Enhancing the Digital Product Experience through Gamification for the Visually Impaired Using Empathic Design and Sensory Ethnography

I _______ hereby consent to participate in the captioned research conducted by Huang Lusha.

I understand that information obtained from this research may be used in future research and published. However, my right to privacy will be retained, i.e. my personal details will not be revealed.

The procedure as set out in the attached information sheet has been fully explained. I understand the benefit and risks involved. My participation in the project is voluntary.

I acknowledge that I have the right to question any part of the procedure and can withdraw at any time without penalty of any kind.

Name of participant ______________________________

Signature of participant ______________________________

Name of Parent or Guardian (if applicable) ______________________________

Signature of Parent or Guardian (if applicable) ______________________________

Name of researcher ______________________________

Signature of researcher

____

Date ______________________________

Hung Hom Kowloon Hong Kong 香港 九龍 紅磡
Tel 電話 (852) 2766 5111 Fax 傳真 (852) 2784 3374
Email 電郵 polyu@polyu.edu.hk
Website 網址 www.polyu.edu.hk

附录 6　移动应用无障碍检查表

(A) Best Practice Checklist ***Advanced level***

Best Practice	N/A	Visual Review	Screen Readers
1 Perceivable			
Text related			
1.1 Provide text alternatives for non-text contents	☐	Skip	☐
1.2 Avoid images of text	☐	☐	Skip
1.3 Provide text resize function to scale up text size or zoom support function (or work well with device's zoom feature) without loss of content	☐	☐	Skip
1.4 Provide meaningful content sequence	☐	Skip	☐
Sensory			
1.5 Do not solely rely on sensory characteristics for instructions	☐	☐	☐
1.6 Avoid solely rely on colours to convey information	☐	☐	Skip
1.7 Provide sufficient colour contrast	☐	☐	Skip
1.8 Provide alternative means for notification	☐	☐	Skip
Multi-media related			
1.9 Provide description for prerecorded videos	☐	☐	☐
1.10 Provide captions for videos	☐	☐	☐
1.11 Provide sign language for prerecorded videos	☐	☐	Skip
1.12 Provide alternatives for audio-only information	☐	☐	☐
1.13 Easy to turn off background sound or set as user-initiated only	☐	☐	☐
2 Operable			
Navigation related			
2.1 Provide navigation for going backward	☐	☐	☐
2.2 Provide multiple ways	☐	☐	Skip
2.3 Provide clear and simple headings	☐	☐	Skip
2.4 Provide clear and informative links	☐	☐	☐

Best Practice	N/A	Visual Review	Screen Readers
2.5 Provide focus visible	☐	☐	Skip
Control related			
2.6 Provide means to close popovers	☐	☐	☐
2.7 Minimize user input	☐	☐	☐
2.8 Make all clickable objects large enough to be tapped	☐	☐	☐
2.9 Provide simple gesture	☐	☐	☐
2.10 Provide sufficient time for users to read the content and operate a function	☐	☐	☐
2.11 Lists with user-initiated auto-updating	☐	☐	☐
2.12 Provide three flashes or below threshold	☐	☐	Skip
3 Understandable			
User interface related			
3.1 Provide consistent and simple user interface structure	☐	☐	☐
3.2 Avoid sudden change of context	☐	☐	☐
3.3 Provide consistent identification	☐	☐	☐
Input related			
3.4 Provide error identification	☐	☐	☐
3.5 Provide input assistance such as proper labels or instructions for user input	☐	☐	☐
3.6 Provide error suggestion	☐	☐	☐
3.7 Provide means for error prevention (legal, financial, data)	☐	☐	☐
4 Other Best Practice			
4.1 Provide contact points or email feedback as well as an accessibility statement	☐	☐	☐

(B) Best Practice Checklist ***Baseline level***

Best Practice		N/A	Visual Review	Screen Readers
1	**Perceivable**			
Text related				
1.1	Provide text alternatives for non-text contents	☐	Skip	☐
1.3	Provide text resize function to scale up text size or zoom support function (or work well with device's zoom feature) without loss of content	☐	☐	Skip
1.4	Provide meaningful content sequence	☐	Skip	☐
Sensory				
1.7	Provide sufficient colour contrast	☐	☐	Skip
1.8	Provide alternative means for notification	☐	☐	Skip
Multi-media related				
1.9*	Provide description for prerecorded videos	☐	☐	☐
1.10*	Provide captions for videos	☐	☐	☐
1.11*	Provide sign language for prerecorded videos	☐	☐	Skip
1.13	Easy to turn off background sound or set as user-initiated only	☐	☐	☐
2	**Operable**			
Navigation related				
2.1	Provide navigation for going backward	☐	☐	☐
2.3	Provide clear and simple headings	☐	☐	Skip
2.4	Provide clear and informative links	☐	☐	☐
Control related				
2.6	Provide means to close popovers	☐	☐	☐
2.8	Make all clickable objects large enough to be tapped	☐	☐	☐
2.10	Provide sufficient time for users to read the content and operate a function	☐	☐	☐
3	**Understandable**			
User interface related				
3.1	Provide consistent and simple user interface structure	☐	☐	☐

Best Practice	N/A	Visual Review	Screen Readers
3.3 Provide consistent identification	☐	☐	☐
Input related			
3.4 Provide error identification	☐	☐	☐
3.5 Provide input assistance such as proper labels or instructions for user input	☐	☐	☐
3.6 Provide error suggestion	☐	☐	☐
3.7 Provide means for error prevention (legal, financial, data)	☐	☐	☐
4 Other Best Practice			
4.1 Provide contact points or email feedback as well as an accessibility statement	☐	☐	☐

Notes:

* To attain the Baseline level, mobile applications are required to adopt all the best practices in the above table while adopting any of the best practices 1.9, 1.10 and 1.11.

附录 7 使用 Sketch 进行的第一阶段应用测试

附录 8　使用 Sketch 进行第二阶段的应用测试

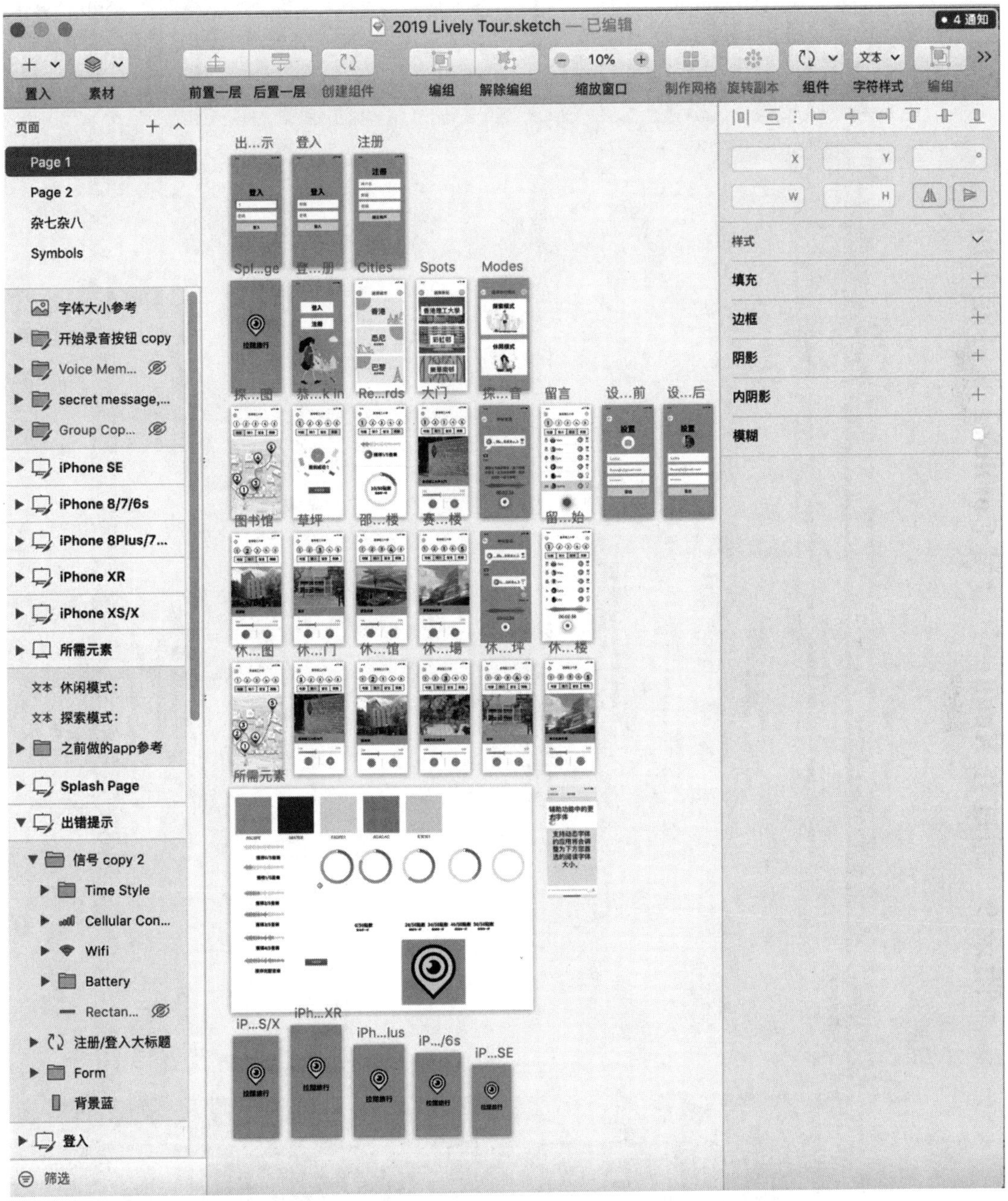

附录 9 通过在 Xcode 中编写 Cordova 来开发应用

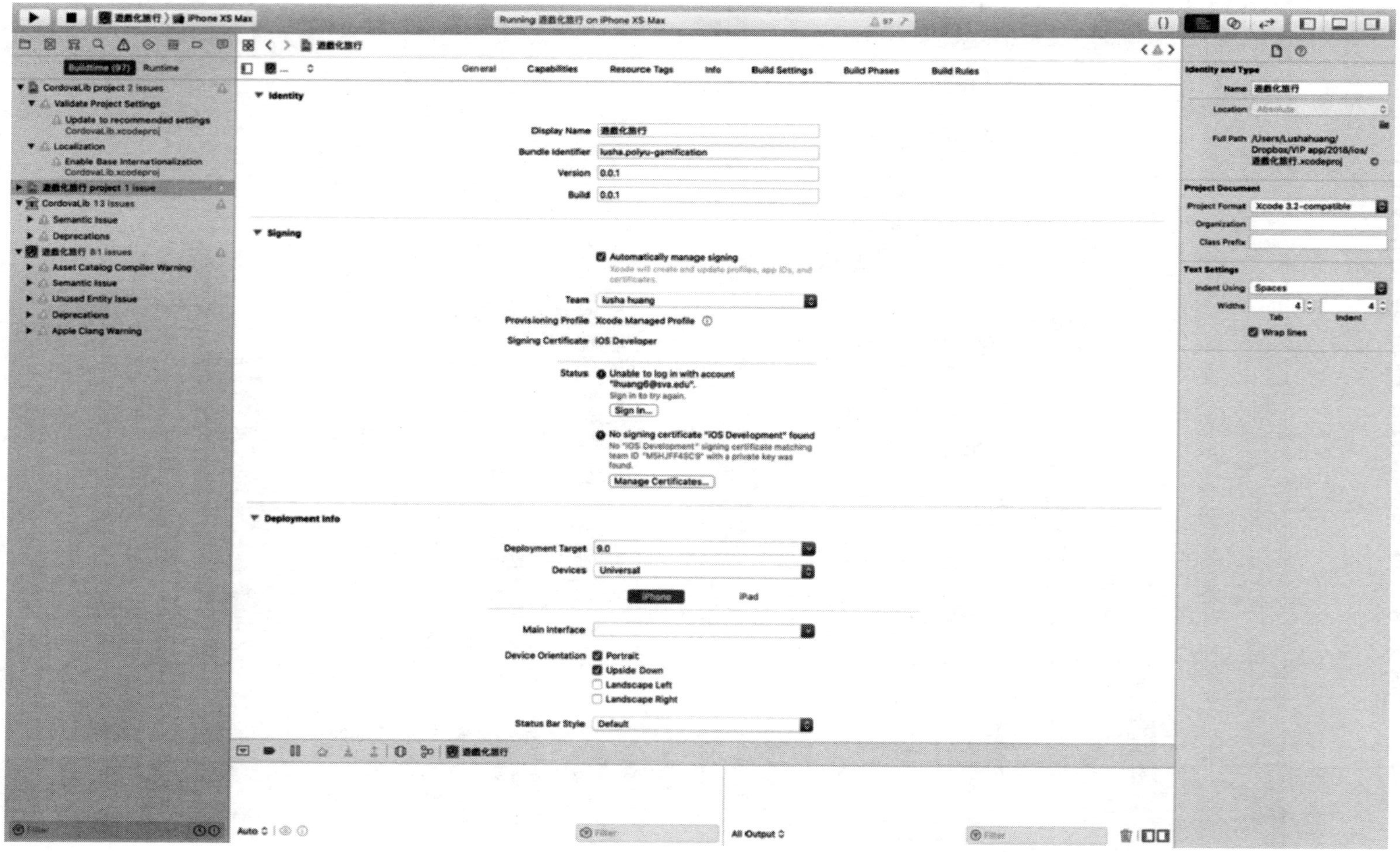

附录 10 在 Xcode 中编写 Swift 开发应用的截图

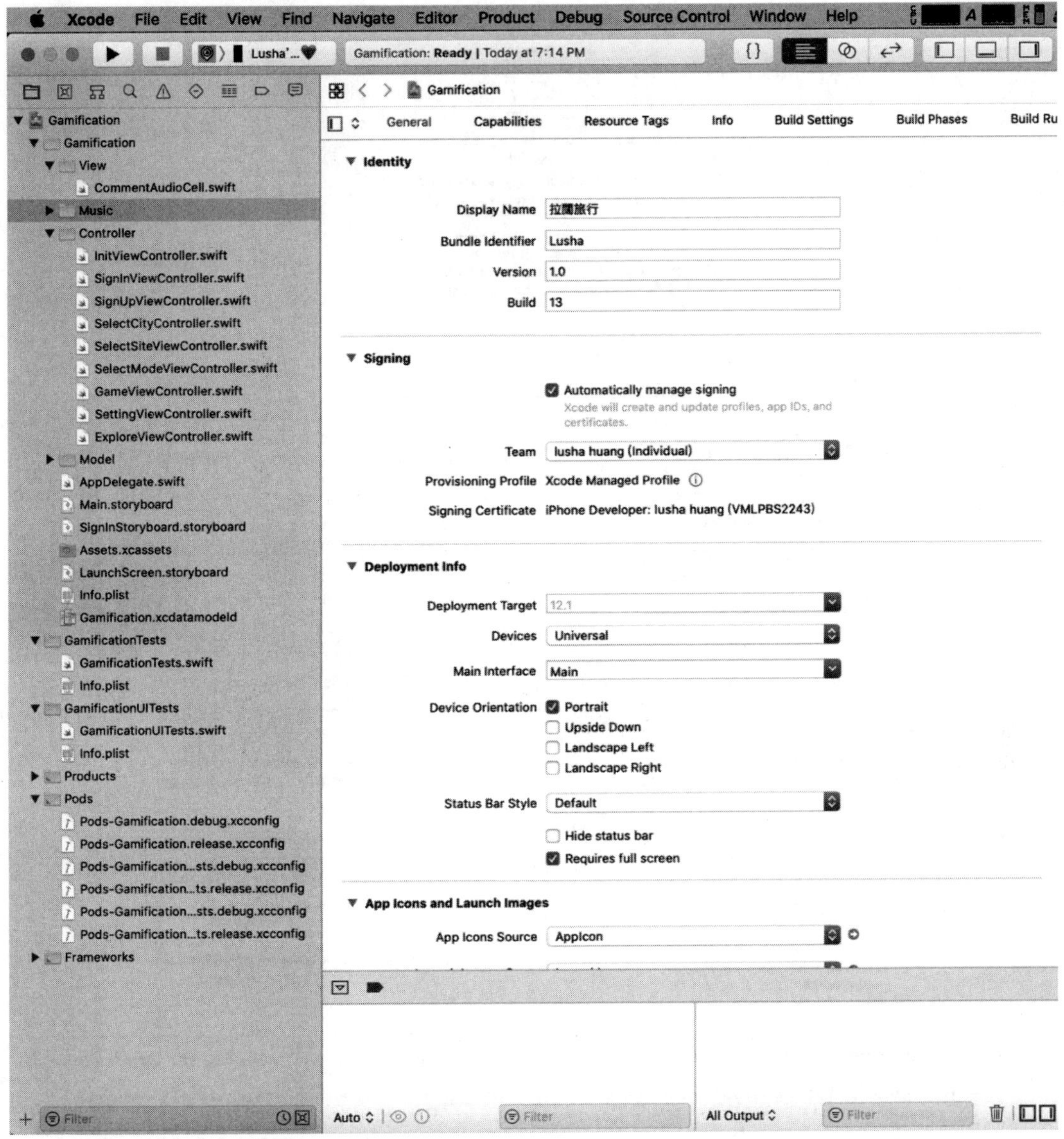

附录 11 为软件程序员准备的产品需求文件

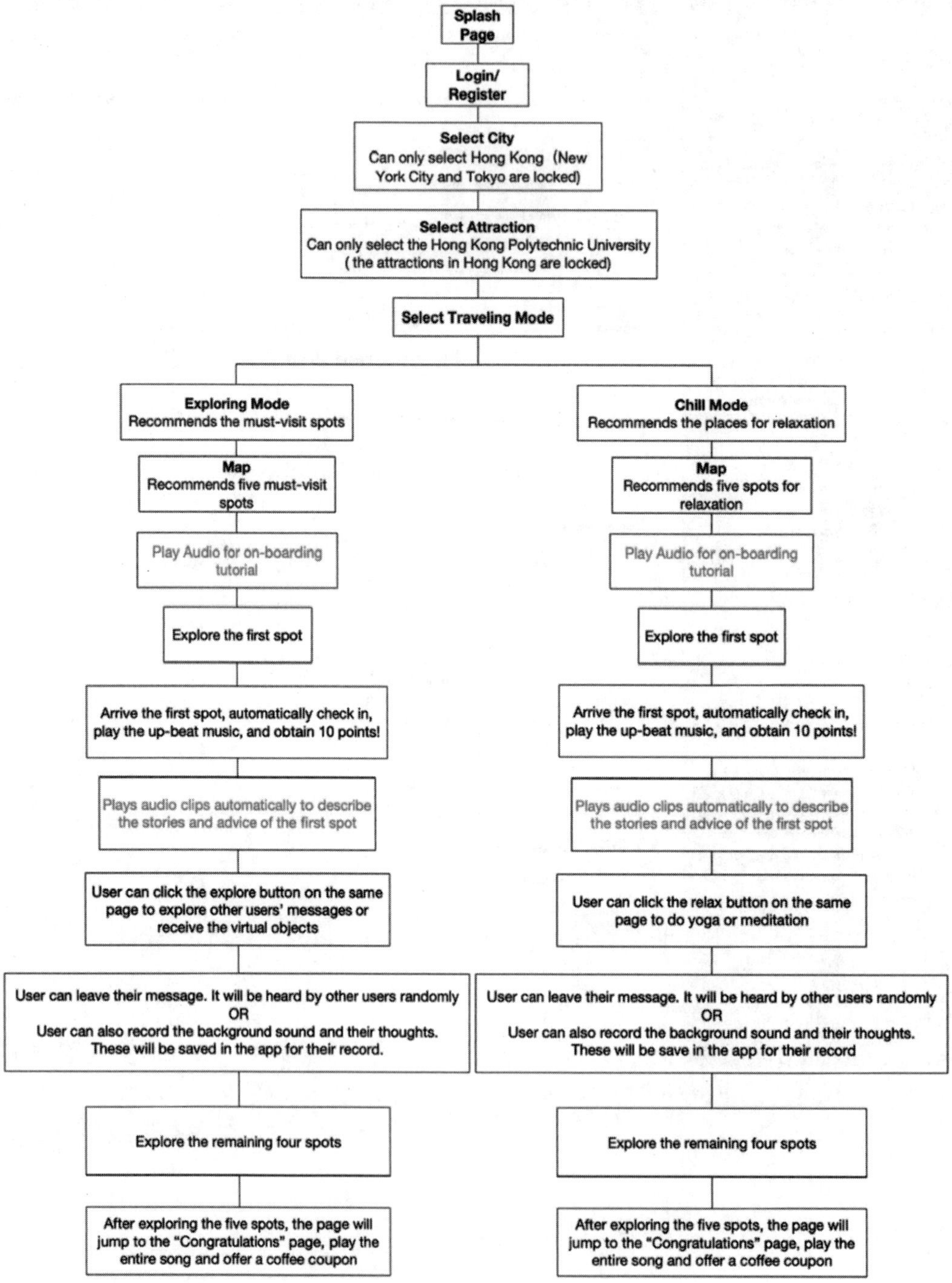

Splash Page

Login/ Register

Select City
Can only select Hong Kong（New York City and Tokyo are locked)

Select Attraction
Can only select the Hong Kong Polytechnic University (the attractions in Hong Kong are locked)

Select Traveling Mode

Exploring Mode
Recommends the must-visit spots

Map
Recommends five must-visit spots

Play Audio for on-boarding tutorial

Explore the first spot

Arrive the first spot, automatically check in, play the up-beat music, and obtain 10 points!

Plays audio clips automatically to describe the stories and advice of the first spot

User can click the explore button on the same page to explore other users' messages or receive the virtual objects

User can leave their message. It will be heard by other users randomly
OR
User can also record the background sound and their thoughts. These will be saved in the app for their record.

Explore the remaining four spots

After exploring the five spots, the page will jump to the "Congratulations" page, play the entire song and offer a coffee coupon

Chill Mode
Recommends the places for relaxation

Map
Recommends five spots for relaxation

Play Audio for on-boarding tutorial

Explore the first spot

Arrive the first spot, automatically check in, play the up-beat music, and obtain 10 points!

Plays audio clips automatically to describe the stories and advice of the first spot

User can click the relax button on the same page to do yoga or meditation

User can leave their message. It will be heard by other users randomly
OR
User can also record the background sound and their thoughts. These will be save in the app for their record

Explore the remaining four spots

After exploring the five spots, the page will jump to the "Congratulations" page, play the entire song and offer a coffee coupon

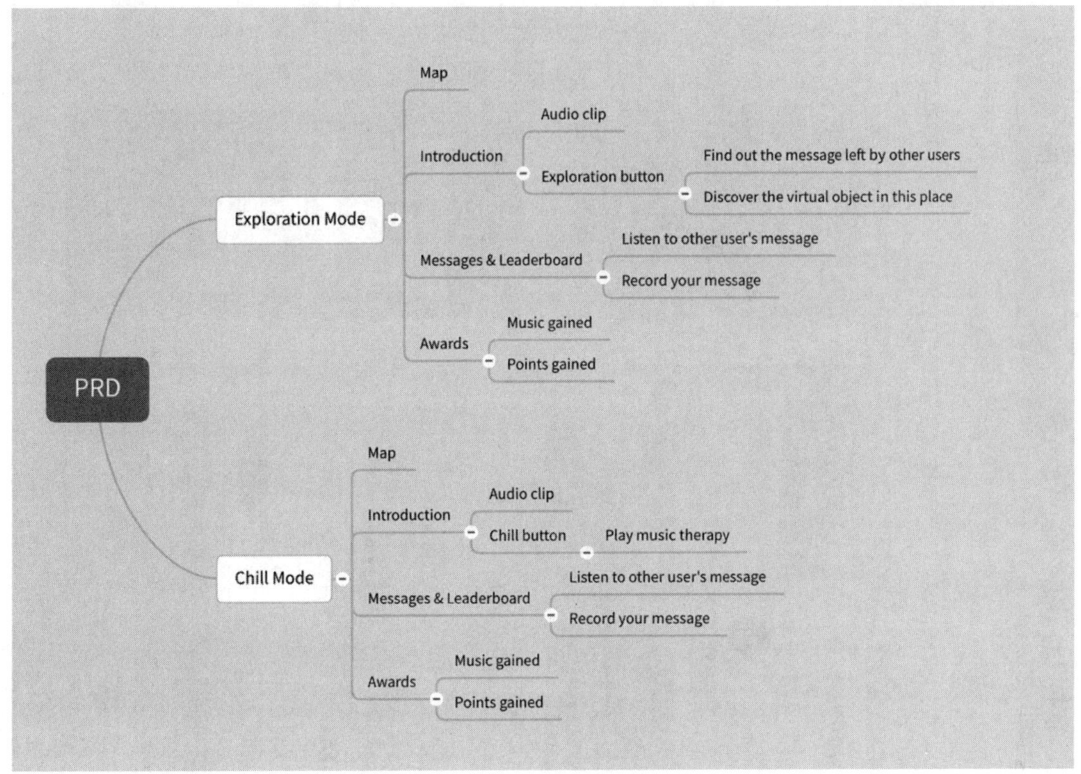
PRD
Exploration Mode
Map
Introduction
Audio clip
Exploration button
Find out the message left by other users
Discover the virtual object in this place
Messages & Leaderboard
Listen to other user's message
Record your message
Awards
Music gained
Points gained
Chill Mode
Map
Introduction
Audio clip
Chill button
Play music therapy
Messages & Leaderboard
Listen to other user's message
Record your message
Awards
Music gained
Points gained

附录 12 对比度检查器

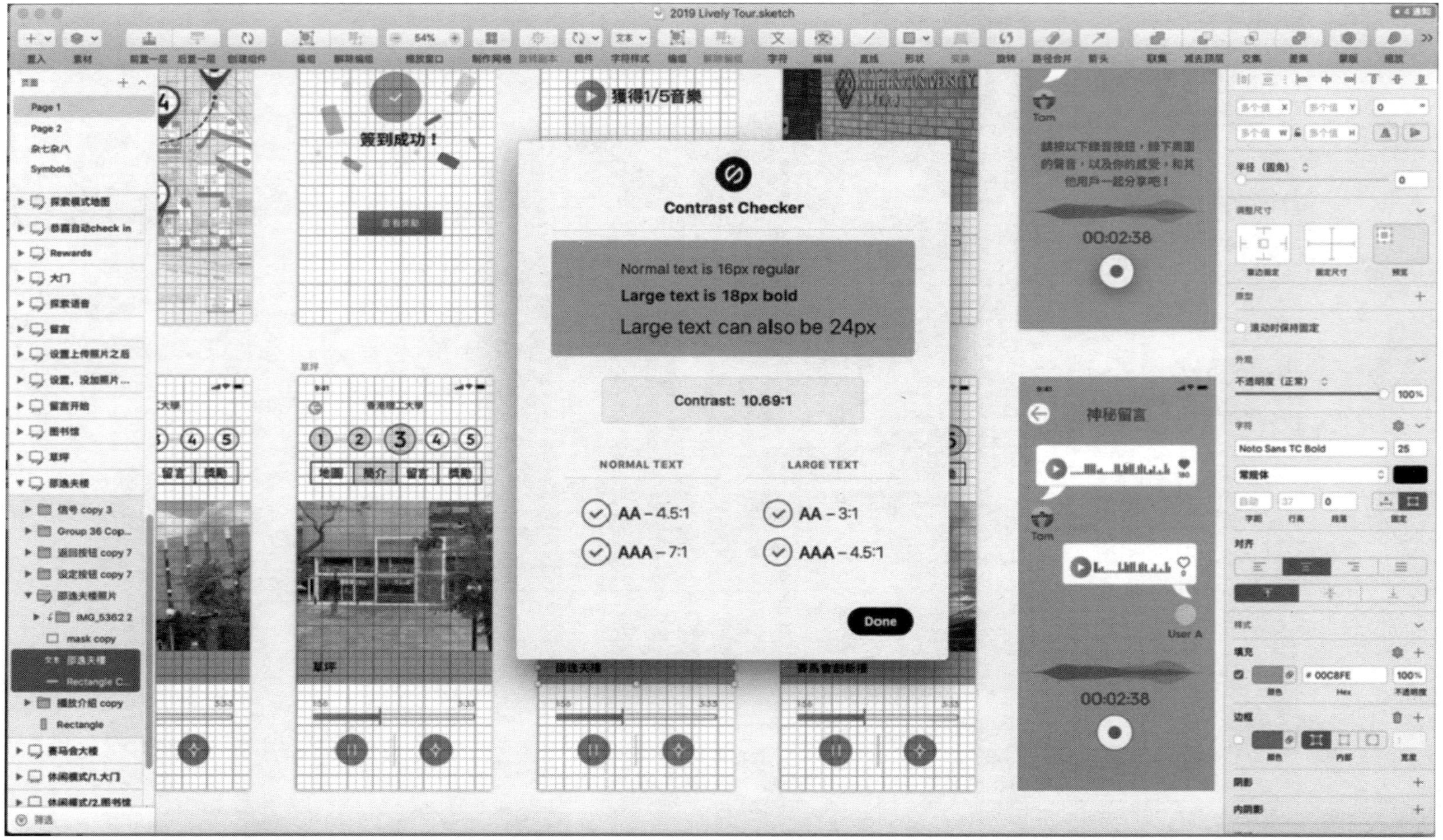
2019 Lively Tour.sketch
Contrast Checker
Normal text is 16px regular
Large text is 18px bold
Large text can also be 24px
Contrast: 10.69:1
NORMAL TEXT
LARGE TEXT
AA – 4.5:1
AAA – 7:1
AA – 3:1
AAA – 4.5:1
Done
獲得1/5音樂
簽到成功！
00:02:38
神秘留言

附录 13 色盲模拟截图

Colorblind Simulation
ARTBOARD
赛马会大楼
ZOOM
33%
COLORBLIND TYPE
Normal
Done
Colorblind Simulation
ARTBOARD
赛马会大楼
ZOOM
33%
COLORBLIND TYPE
Achromatopsia
Done
Colorblind Simulation
ARTBOARD
赛马会大楼
ZOOM
33%
COLORBLIND TYPE
Deuteranopia
Done
Colorblind Simulation
ARTBOARD
赛马会大楼
ZOOM
33%
COLORBLIND TYPE
Deuteranomaly
Done
Colorblind Simulation
ARTBOARD
赛马会大楼
ZOOM
33%
COLORBLIND TYPE
Tritanopia
Done
Colorblind Simulation
ARTBOARD
赛马会大楼
ZOOM
33%
COLORBLIND TYPE
Tritanomaly
Done
Colorblind Simulation
ARTBOARD
赛马会大楼
ZOOM
33%
COLORBLIND TYPE
Protanomaly
Done
Colorblind Simulation
ARTBOARD
赛马会大楼
ZOOM
33%
COLORBLIND TYPE
Protanopia
Done

附录 14　最终用户测试的问题

以下是最终用户测试的问题：

1. 你是否去过香港理工大学？如果有，使用这款应用和没有使用这款应用的区别是什么？与没有使用该应用时相比，该应用对您的出行体验有何提升？（从 −3 到 3，−3 表示体验减弱，3 表示体验大大提升）

2. 当您开始使用这款应用时，您对它的易用性有多满意？

（从 −3 到 3，−3 表示完全不容易，3 表示非常容易）

3. 在帮助您实现无障碍方面，您对这个应用程序的满意度如何？（从 −3 到 3，−3 表示完全不满意，3 表示非常满意）

4. 如果您是低视力人士，请对用户界面的设计、颜色、可读性和对比度进行排名。（从 −3 至 3，−3 表示完全不满意，3 表示非常满意）

5. 总的来说，该应用在满足您的出行需求方面的满意度如何？（从 −3 到 3，−3 表示完全不满意，3 表示非常满意）

6. 总的来说，这款应用是如何提升或降低您的旅行体验质量的？（从 −3 到 3，−3 表示完全不好，3 表示非常好）

7. 您觉得使用这款应用有什么困惑？请详细描述您遇到的问题。

8. 在您使用该应用的过程中，以下哪个问题是最大的问题？

- 该应用缺少我需要的功能
- 该应用程序是混乱的使用
- 应用程序不够方便
- 我经历了虫子
- 其他

9. 这款应用有六个基本的独特功能，请根据你的体验和情感给它们打分（从 −3 到 3）。

- 用户可以选择两种现场体验：探险版和寒战版。
- 该应用会推荐附近的旅游景点、景区、餐厅和商店。
- 在参观完一个景点后，用户可以自动获得一段音乐和积分等奖励。

– 当用户经过景点内的新景点时，应用会自动播放音频片段，描述不同感官的故事和建议。

– 用户可以在离开前留言，比如提示，或者自己的感受，或者为其他视障人士提供经验。

– 用户可以为其他用户的声音点赞，他们的声音会在排行榜上。

10. 请用形容词来描述你使用该应用时的这六大功能。

11. 你有什么建议或想法，你想看到在这个应用程序中添加的功能，以提高你的旅行经验?

12. 你能告诉我这个应用和你之前用过的旅行应用有什么不同吗? 你的感受过程和感官有关吗?

13. 你能想象一下，当你去其他旅游景点旅游时，会不会使用这个 App ?

14. 尝试过这款游戏化的旅游应用后，你会向其他视障人士推荐这款应用吗?（从 −3 到 3，−3 是完全不会，3 是非常会）

15. 你下次旅行会不会使用这个应用?（从 −3 到 3，−3 是完全不会，3 是非常会）

16. 你之前有向任何 App 付费吗? 每个都是多少钱?

17. 如果这个应用是“付费使用”，你愿意支付多少钱? 你是否愿意选择免费使用但有广告（应用内广告）的应用?

18. 您对如何增强这个应用程序有任何其他建议或评论吗?

附录 15　将应用重新上传到 App Store 连接的截图

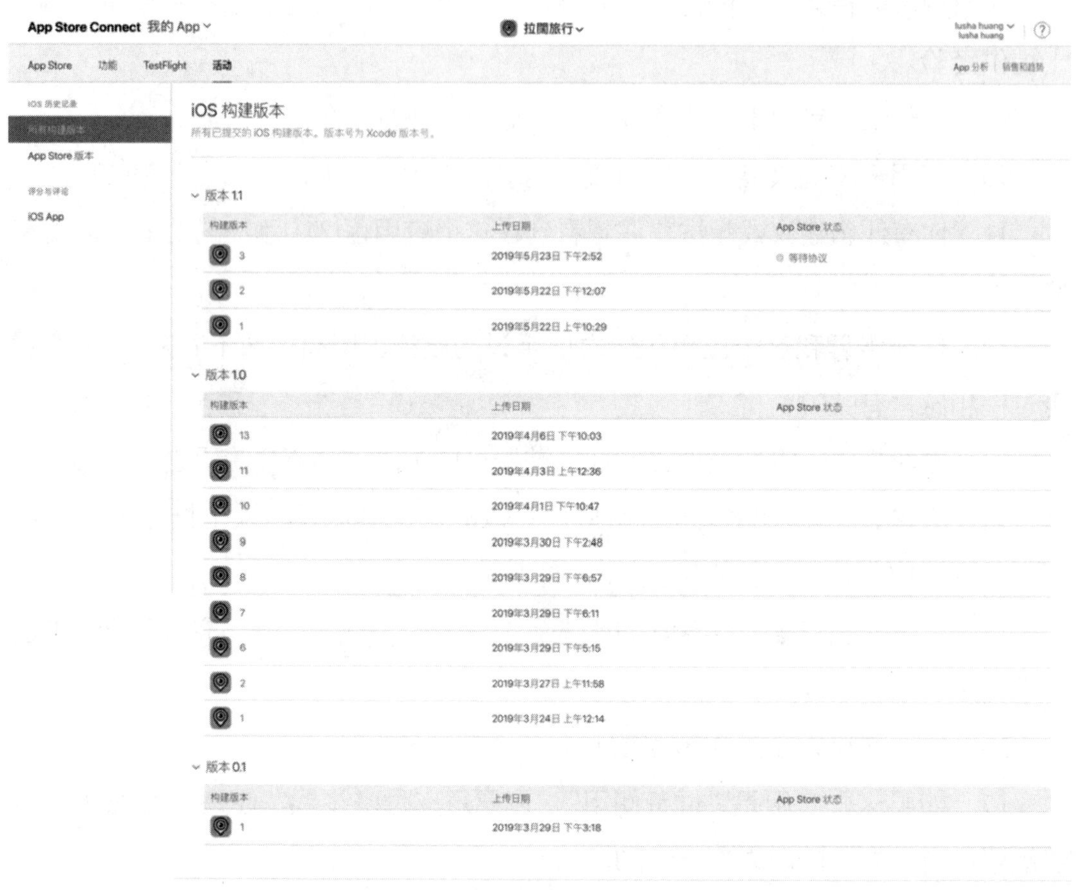

参 考 文 献

[1] A Blind Legend[EB/OL].[2020-09-14]. http://www.ablindlegend.com.

[2] Accenture (2002, May 22). Accenture Study Yields Top 50 'Business Intellectuals' Ranking of Top Thinkers and Writers on Management Topics. [EB/OL].[2020-09-14].https://newsroom.accenture.com/subjects/accenture-institute-for-high-performance/accenture-study-yields-top-50-business-intellectuals-ranking-top-thinkers-and-writers-on-management-topics.htm.

[3] Agile Alliance. (2001). Manifesto for Agile Software Development [EB/OL].[2020-09-14]. http://agilemanifesto.org.

[4] Aipoly. (2016, January 03). Aipoly Vision: Sight for Blind & Visually Impaired [EB/OL].[2020-09-14].https://itunes.apple.com/us/app/aipoly-vision-sight-for-blind-visually-impaired/id1069166437?mt=8.

[5] Allan M. Disability tourism: Why do disabled people engaging in tourism activities[J]. European Journal of Social Sciences, 2013, 39(3): 480-486.

[6] American Council of the Blind. (2003). The Audio Description Project[EB/OL].[2020-09-14]. http://www.acb.org/adp.

[7] American Interaction Design Foundation. (2002). What is Interaction Design?[EB/OL].[2020-09-14]. https://www.interaction-design.org/literature/topics/interaction-design.

[8] Atkinson P, Delamont S, Housley W. Contours of culture: Complex ethnography and the ethnography of complexity[M]. Lanham, Maryland: Rowman Altamira, 2008.

[9] Atkinson, R. (2016, December 02). GOOGLE SURVEY: How Travellers Use Their Phones[EB/OL].[2020-09-14]. https://www.thinkwithgoogle.com/consumer-insights/consumer-journey/consumer-travel-smartphone-usage.

[10] Babich, N. The Biggest UX Design Trends of 2017 Creative Cloud blog by Adobe[EB/OL].(2017-11-15)[2020-09-14]. https://blogs.adobe.com/creativecloud/the-biggest-ux-design-trends-of-2017.

[11] Baidu. DuLight[EB/OL].(2016-05-16)[2020-09-14]. https://apps.apple.com/us/app/%E7%99%BE%E5%BA%A6%E5%B0%8F%E6%98%8E/id1113873792.

[12] Baker S E, Edwards R. How many qualitative interviews is enough? Expert voices and early career reflections on sampling and cases in qualitative research[J/OL]. 2012. https://eprints. soton. ac.uk/3369131.

[13] Balata J, Franc J, Mikovec Z, et al. Collaborative navigation of visually impaired[J]. Journal on Multimodal User Interfaces, 2014, 8(2): 175-185.

[14] Balata J, Mikovec Z, Slavik P, et al. Game Aspects in Collaborative Navigation of Blind Travelers[M]//Handbook of Research on Holistic Perspectives in Gamification for Clinical Practice. IGI Global, 2016: 497-523.

[15] Barata G, Gama S, Jorge J, et al. Studying student differentiation in gamified education: A long-term study[J]. Computers in Human Behavior, 2017, 71: 550-585.

[16] Barnes C. Disabled people in Britain and discrimination: A case for anti-discrimination legislation[M]. London: Hurst Co., 1991.

[17] Battarbee K, Suri J F, Howard S G. Empathy on the edge: scaling and sustaining a human-centered approach in the evolving practice of design[J]. IDEO. http://www. ideo. com/images/uploads/news/pdfs/Empathy_on_the_Edge. pdf, 2014.

[18] Be My Eyes[EB/OL].[2020-09-14]. https://www.bemyeyes.com.

[19] Beard J G, Ragheb M G. Measuring leisure motivation[J]. Journal of leisure research, 1983, 15(3): 219-228.

[20] Benford, S. (2012). Future location-based experiences JISC technology and standards. Watch, 1–17[EB/OL].[2020-09-14]. http://www.jisc.ac.uk/media/documents/techwatch/jisctsw_05_01.pdf.

[21] Benford S, Magerkurth C, Ljungstrand P. Bridging the physical and digital in pervasive gaming[J]. Communications of the ACM, 2005, 48(3): 54-57.

[22] Billi M, Burzagli L, Catarci T, et al. A unified methodology for the evaluation of accessibility and usability of mobile applications[J]. Universal Access in the Information Society, 2010, 9(4): 337-356.

[23] BlindSquare[EB/OL].[2020-09-14].https://www.blindsquare.com.

[24] Blum L, Wetzel R, McCall R, et al. The final TimeWarp: using form and content to support player experience and presence when designing location-aware mobile augmented reality games[C]//Proceedings of the designing interactive systems conference, 2012: 711-720.

[25] Bogost I. Persuasive games[M]. Cambridge, MA: MIT Press, 2007.

[26] Bowlby J. Attachment and loss: retrospect and prospect[J]. American journal of Orthopsychiatry, 1982, 52(4): 664.

[27] Boyatzis R E. Transforming qualitative information: Thematic analysis and code development[M]. Thousand Oaks, CA: Sage Publications, 1998.

[28] Braun V, Clarke V. Using thematic analysis in psychology[J]. Qualitative research in psychology, 2006, 3(2): 77-101.

[29] Braun V, Clarke V. Successful qualitative research: A practical guide for beginners[M]. London: Sage, 2013.

[30] Brown D J, Standen P, Evett L, et al. Designing serious games for people with dual diagnosis: learning disabilities and sensory impairments[M]//Design and implementation of educational games: theoretical and practical perspectives. IGI Global, 2010: 424-439.

[31] Brown V R, Vaughn E D. The writing on the (Facebook) wall: The use of social networking sites in hiring decisions[J]. Journal of Business and psychology, 2011, 26(2): 219-225.

[32] Bryman A. Social research methods[M]. Oxford university press, 2016.

[33] Buchenau M, Suri J F. Experience prototyping[C]//Proceedings of the 3rd conference on Designing interactive systems: processes, practices, methods, and techniques, 2000: 424-433.

[34] Bulencea, P. B. Using game design elements for visitor experience enhancement[D]. Salzburg University of Applied Sciences Library, 2013.

[35] Bulencea P, Egger R. Gamification in tourism: Designing memorable experiences[M]. Norderstedt: Books on Demand, 2015.

[36] Burke B. Gamify. How gamification motivates people to do extraordinary things[M]. London:Routledge, 2016.

[37] Discourse analytic research: Repertoires and readings of texts in action[M]. London: Routledge, 1993.

[38] Carlson R A. Experienced cognition[M]. Mahwah, N.J.: L. Erlbaum Associates, 1997.

[39] Çeltek E. Mobile advergames in tourism marketing[J]. Journal of Vacation Marketing, 2010, 16(4): 267-281.

[40] Chinese Company Baidu Applies AI to Help the Blind See[EB/OL].[2020-09-14]. http://www.mittechconference.com/blog/2016/1/3/chinese-company-baidu-applies-ai-to-help-the-blind-see.

[41] Chmiel A, Mazur I. AD reception research: Some methodological considerations [M]//Emerging topics in translation: Audio description. Trieste: EUT, 2002:57-80.

[42] Chou Y. Actionable gamification: Beyond points, badges, and leaderboards[M]. Birmingham: Packt Publishing Ltd, 2019.

[43] Contrast (Minimum): Understanding SC 1.4.3[EB/OL].[2020-09-14]. https://www.w3.org/TR/UNDERSTANDING-WCAG20/visual-audio-contrast-contrast.html.

[44] Cooper A, Reimann R, Cronin D, et al. About face: the essentials of interaction design[M]. John Wiley & Sons, 2014.

[45] Cosnier J. Empathie et communication: Partager les émotions d'autrui: Comprendre les émotions[J]. Sciences humaines (Auxerre), 1997 (68): 24-26.

[46] Creswell J W. Educational research: Planning, conducting, and evaluating quantitative[M]. Upper Saddle River, NJ: Prentice Hall, 2002.

[47] Creswell J W, Creswell J D. Research design: Qualitative, quantitative, and mixed methods approaches[M]. London: Sage publications, 2017.

[48] Csikszentmihalyi M, Csikzentmihaly M. Flow: The psychology of optimal experience[M]. New York: Harper & Row, 1990.

[49] Cugelman B. Gamification: what it is and why it matters to digital health behavior change developers[J]. JMIR serious games, 2013, 1(1): e3.

[50] Cytowic, R. Our hidden superpowers[J]. New Scientist, 2010: 206(2757), 46.

[51] Damodaran L. User involvement in the systems design process-a practical guide for users[J]. Behaviour & information technology, 1996, 15(6): 363-377.

[52] Dann G, Jacobsen J K S. Tourism smellscapes[J]. Tourism Geographies, 2003, 5(1): 3-25.

[53] De Souza e Silva A. Location-aware mobile technologies: Historical, social and spatial approaches[J]. Mobile Media & Communication, 2013, 1(1): 116-121.

[54] Deci E L, Ryan R M. The general causality orientations scale: Self-determination in personality[J]. Journal of research in personality, 1985, 19(2): 109-134.

[55] Deci E L, Vansteenkiste M. Self-determination theory and basic need satisfaction: Understanding human development in positive psychology[J]. Ricerche di psicologia, 2004.

[56] Definition of Ethnography[EB/OL].[2020-09-14]. http://brianhoey.com/research/ethnography.

[57] Described and Captioned Media Program. Description Tip Sheet[EB/OL].(2012-01)[2020-09-14]. https://dcmp.org/learn/227.

[58] Deterding S, Khaled R, Nacke L E, et al. Gamification: Toward a definition[C]//CHI 2011 gamification workshop proceedings. Vancouver BC, Canada, 2011, 12.

[59] Deterding S, Dixon D, Khaled R, et al. From game design elements to gamefulness: defining "gamification"[C]//Proceedings of the 15th international academic MindTrek conference: Envisioning future media environments, 2011: 9-15.

[60] Deterding S, Sicart M, Nacke L, et al. Gamification. using game-design elements in non-gaming contexts[M]//CHI'11 extended abstracts on human factors in computing systems, 2011: 2425-2428.

[61] Dewey J. Art as experience[M]. Penguin, 2005.

[62] Dickey, M. R. (2017, May 14). BackMap helps people who are visually impaired navigate cities and indoor areas[EB/OL].[2020-09-14]. https://techcrunch.com/2017/05/14/backmap-helps-people-who-are-visually-impaired-navigate-cities-and-indoor-areas.

[63] Duman T, Mattila A S. The role of affective factors on perceived cruise vacation value[J]. Tourism management, 2005, 26(3): 311-323.

[64] Dupere, K. (2016, July 10). This blind Apple engineer is transforming the tech world at only 22[EB/OL].[2020-09-14]. http://mashable.com/2016/07/10/apple-innovation-blind-engineer/#vJ9qJNwo8ZqG.

[65] EKMAN P. Emotions revealed: understanding faces and feelings[J]. london: phoenix, 2004.

[66] Eppmann R, Klein K, Bekk M. WTG (Way to go)! How to take gamification research in marketing to the next level[J]. Marketing ZFP, 2018, 40(4): 44-54.

[67] Equal Opportunities Commission. “Disability discrimination ordinance” [EB/OL].[2020-09-14]. www.elegislation.gov.hk/hk/cap487!zh-Hant-HK.

[68] Ericsson K A, Simon H A. Protocol analysis: Verbal reports as data[M]. the MIT Press, 1984.

[69] Ermi, L., & Mäyrä, F. (2005). Player-centred game design: Experiences in using scenario study to inform mobile game design. The International Journal of Computer Game Research, 5(1)[EB/OL]. [2020-09-14].http://www.researchgate.net/profile/Frans_Maeyrae/publication/220200719_Player-Centred_Game_Design_ Experiences_in_Using_Scenario_Study_to_Inform_ Mobile_Game_ Design/links/09e4150c5499d39f 10000000.pdf.

[70] Evenson S. Directed storytelling: Interpreting experience for design[J]. Design Studies: Theory and research in graphic design, 2006: 231-240.

[71] Everson K. Learning is all in the wrist[J]. Chief Learning Officer, 2015, 14(4): 18-21.

[72] Fallatah R H M, Syed J. A critical review of Maslow’s hierarchy of needs[M]//Employee Motivation in Saudi Arabia. Palgrave Macmillan, Cham, 2018: 19-59.

[73] Farber M E, Hall T E. Emotion and environment: Visitors' extraordinary experiences along the Dalton Highway in Alaska[J]. Journal of Leisure Research, 2007, 39(2): 248-270.

[74] Farzan R, DiMicco J M, Millen D R, et al. When the experiment is over: Deploying an incentive system to all the users[C]//symposium on persuasive technology, 2008.

[75] Farzan R, DiMicco J M, Millen D R, et al. Results from deploying a participation incentive mechanism within the enterprise[C]//Proceedings of the SIGCHI conference on Human factors in computing systems, 2008: 563-572.

[76] Fernandes R P A, Almeida J E, Rosseti R J F. A collaborative tourist system using Serious Games[M]// Advances in Information Systems and Technologies. Springer, Berlin, Heidelberg, 2013: 725-734.

[77] Ferrara J. Playful design: Creating game experiences in everyday interfaces[M]. Rosenfeld Media, 2012.

[78] Figueiredo E, Eusébio C, Kastenholz E. How diverse are tourists with disabilities? A pilot study on accessible leisure tourism experiences in Portugal[J]. International Journal of Tourism Research, 2012, 14(6): 531-550.

[79] Flora H K, Chande S V. A review and anaysis on mobile application development processes using agile methodlogies[J]. International Journal of Research in Computer Science, 2013, 3(4): 9.

[80] Foley A, Ferri B A. Technology for people, not disabilities: ensuring access and inclusion[J]. Journal of Research in Special Educational Needs, 2012, 12(4): 192-200.

[81] Forlizzi J, Ford S. The building blocks of experience: an early framework for interaction designers[C]//Proceedings of the 3rd conference on Designing interactive systems: processes, practices, methods, and techniques, 2000: 419-423.

[82] Forlizzi J, DiSalvo C, Gemperle F. Assistive robotics and an ecology of elders living independently in their homes[J]. Human–Computer Interaction, 2004, 19(1-2): 25-59.

[83] Foursquare[EB/OL]. [2020-09-14]. https://foursquare.com.

[84] Marache-Francisco C, Brangier E. The Gamification Experience: UXD with a gamification background[M]//Emerging research and trends in interactivity and the human-computer interface. IGI Global, 2014: 205-223.

[85] Fredrickson B L. The role of positive emotions in positive psychology: The broaden-and-build theory of positive emotions[J]. American psychologist, 2001, 56(3): 218.

[86] Fredrickson B L. Positive emotions broaden and build[M]//Advances in experimental social psychology. Academic Press, 2013, 47: 1-53.

[87] Frith H, Gleeson K. Clothing and embodiment: Men managing body image and appearance[J]. Psychology of Men & Masculinity, 2004, 5(1): 40.

[88] Furman W, Buhrmester D. Methods and measures: The network of relationships inventory: Behavioral systems version[J]. International journal of behavioral development, 2009, 33(5): 470-478.

[89] Gartner. Gartner Says By 2015, More Than 50 Percent of organisations That Manage Innovation Processes Will Gamify Those Processes. Barcelona, Spain[EB/OL]. [2020-09-14]. https://www.gartner.com/newsroom/id/1629214.

[90] Gelter H. Towards an understanding of experience production[J]. Articles on experiences, 2006, 4: 28-50.

[91] Gentes A, Guyot-Mbodji A, Demeure I. Gaming on the move: urban experience as a new paradigm for mobile pervasive game design[J]. Multimedia systems, 2010, 16(1): 43-55.

[92] Glaser B G. Basics of grounded theory analysis: Emergence Vs forcing[M]. Calif: Sociology press, 1992.

[93] Goodman E, Kuniavsky M, Moed A. Observing the user experience: A practitioner's guide to user research[J]. IEEE Transactions on Professional Communication, 2013, 56(3): 260-261.

[94] Google. How smartphone usage is shaping travel decisions - Think with Google[EB/OL]. (2018-02) [2020-09-14]. https://www.thinkwithgoogle.com/consumer-insights/consumer-travel-smartphone-usage.

[95] GovHK. 勞工及福利局局長出席 2017 視障人士象棋交流賽致辭（只有中文）[EB/OL]. (2017-06-17) [2020-09-14]. https://www.info.gov.hk/gia/general/201706/17/P2017061601049.htm.

[96] GovHK: Embracing Social Inclusion[EB/OL].[2020-09-14]. https://www.gov.hk/en/residents/housing/socialservices/youth/SocialInclusion.htm.

[97] GPS Tour Guide, F. Maui GyPSy Guide Driving Tour[EB/OL]. [2020-09-14]. http://www.acb.org/adp/guidelines.html.

[98] Gray C M, Stolterman E, Siegel M A. Reprioritizing the relationship between HCI research and practice: bubble-up and trickle-down effects[C]//Proceedings of the 2014 conference on Designing interactive systems, 2014: 725-734.

[99] Group Holidays for Blind & Sighted Travellers | Share the Adventure![EB/OL]. [2020-09-14]. https://www.traveleyes-international.com.

[100] Grüter B. Studying mobile gaming experience[C]//Workshop: Evaluating Player Experiences in Location Aware Games, HCI, 2008: 1-5.

[101] Hamari J. Transforming homo economicus into homo ludens: A field experiment on gamification in a utilitarian peer-to-peer trading service[J]. Electronic commerce research and applications, 2013, 12(4): 236-245.

[102] Hamari J, Tuunanen J. Player types: A meta-synthesis[J]. 2014.

[103] Hamari J, Koivisto J, Sarsa H. Does gamification work?—a literature review of empirical studies on gamification[C]//2014 47th Hawaii international conference on system sciences. Ieee, 2014: 3025-3034.

[104] Hanington B, Martin B. Universal methods of design: 100 ways to research complex problems, develop innovative ideas, and design effective solutions[M]. Rockport Publishers, 2012.

[105] Hassenzahl M. Experience design: Technology for all the right reasons[J]. Synthesis lectures on human-centered informatics, 2010, 3(1): 1-95.

[106] Assistive technology for visually impaired and blind people[M]. Springer Science & Business Media, 2010.

[107] Hinske S, Lampe M, Magerkurth C, et al. Classifying pervasive games: on pervasive computing and mixed reality[J]. Concepts and technologies for Pervasive Games-A Reader for Pervasive Gaming Research, 2007, 1(20): 1-20.

[108] Högberg J, Hamari J, Wästlund E. Gameful Experience Questionnaire (GAMEFULQUEST): an instrument for measuring the perceived gamefulness of system use[J]. User modeling and user-adapted interaction, 2019, 29(3): 619-660.

[109] Holbrook M B, Hirschman E C. The experiential aspects of consumption: Consumer fantasies, feelings, and fun[J]. Journal of consumer research, 1982, 9(2): 132-140.

[110] Holloway I, Todres L. The status of method: flexibility, consistency and coherence[J]. Qualitative research, 2003, 3(3): 345-357.

[111] Hong Kong Blind Union - Statistics on People with Visual Impairment[EB/OL]. [2020-09-14]. https://www.hkbu.org.hk/en_knowledge1.php.

[112] Howes D. Sensing culture: Engaging the senses in culture and social theory[J]. Ann Arbor: The University of Michigan Press, 2003.

[113] The varieties of sensory experience: A sourcebook in the anthropology of the senses[M]. University of Toronto Press, 1991.

[114] Hunicke R, LeBlanc M, Zubek R. MDA: A formal approach to game design and game research[C]// Proceedings of the AAAI Workshop on Challenges in Game AI, 2004, 4(1): 1722.

[115] Huotari K, Hamari J. A definition for gamification: anchoring gamification in the service marketing literature[J]. Electronic Markets, 2017, 27(1): 21-31.

[116] Hutchby I, Wooffitt R. Conversation analysis[M]. Polity, 2008.

[117] IDEO (Firm), Bill & Melinda Gates Foundation. Human centered design toolkit[M]. IDEO, 2011.

[118] Ways of walking: Ethnography and practice on foot[M]. Ashgate Publishing, Ltd., 2008.

[119] Jacob J T P N. A mobile location-based game framework[J]. DSIE'11 SECRETARIAT, 2011: 215.

[120] Jung J H, Schneider C, Valacich J. Enhancing the motivational affordance of information systems: The effects of real-time performance feedback and goal setting in group collaboration environments[J]. Management science, 2010, 56(4): 724-742.

[121] Just Ahead. Just Ahead: Audio Travel Guides[EB/OL]. (2014-04-10)[2020-09-14]. https://itunes.apple.com/us/app/just-ahead-gps-audio-guides/id814596586?mt=8.

[122] Juul J. The game, the player, the world. Looking for a heart of gameness. Keynote presented at the Level Up conference in Utrecht [R]. (2003-11-04).

[123] Khuri M L. Working with emotion in educational intergroup dialogue[J]. International Journal of Intercultural Relations, 2004, 28(6): 595-612.

[124] Kim A J. Gamification 101: Design the player journey[J]. Retrieved August, 2011.

[125] Kim J H. The antecedents of memorable tourism experiences: The development of a scale to measure the destination attributes associated with memorable experiences[J]. Tourism management, 2014, 44: 34-45.

[126] Kim J H, Ritchie J R B, McCormick B. Development of a scale to measure memorable tourism experiences[J]. Journal of Travel Research, 2012, 51(1): 12-25.

[127] Kimbell L. Rethinking design thinking: Part I[J]. Design and Culture, 2011, 3(3): 285-306.

[128] Kimbell L, Street P E. Beyond design thinking: Design-as-practice and designs-in-practice[C]//CRESC Conference, Manchester, 2009: 1-15.

[129] Klimmt C. Dimensions and determinants of the enjoyment of playing digital games: A three-level model[C]//Level up: Digital games research conference, 2003: 246-257.

[130] Klopfer E, Squire K. Environmental Detectives—the development of an augmented reality platform for environmental simulations[J]. Educational technology research and development, 2008, 56(2): 203-228.

[131] KMB app[EB/OL]. [2020-09-14]. http://www.kmb.com.hk/MobileAppLaunch/tc/index.html.

[132] Koivisto J, Hamari J. The rise of motivational information systems: A review of gamification research[J]. International Journal of Information Management, 2019, 45: 191-210.

[133] Koppen E, Meinel C. Knowing people: the empathetic designer[J]. Design Philosophy Papers, 2012, 10(1): 35-51.

[134] Koskinen I, Zimmerman J, Binder T, et al. Design research through practice: From the lab, field, and showroom[M]. Elsevier, 2011.

[135] Kuusisto S. Eavesdropping: A memoir of blindness and listening[M]. New York: WW Norton & Company, 2006.

[136] Lazzaro, N. Why we play games: Four keys to more emotion without story[EB/OL]. (2020-03-08) [2020-09-14]. http://www.xeodesign.com/xeodesign_whyweplaygames.pdf.

[137] LeBlanc, M. Game Design and Tuning Workshop Materials, Game Developers Conference 2004[EB/OL]. [2020-09-14]. http://algorithmancy.8kindsoffun.com/GDC2004.

[138] Leonard D, Rayport J F. Spark innovation through empathic design[J]. Harvard business review, 1997, 75: 102-115.

[139] Leung H C D. Audio description of audiovisual programmes for the visually impaired in Hong Kong[D]. UCL (University College London), 2018.

[140] Linaza M T, Gutierrez A, García A. Pervasive augmented reality games to experience tourism destinations[M]//Information and Communication Technologies in Tourism 2014. Springer, Cham, 2013: 497-509.

[141] Lowenfeld B. Our blind children, growing and learning with them[J]. 1964.

[142] Makri S, Blandford A, Cox A L. This is what I'm doing and why: Methodological reflections on a naturalistic think-aloud study of interactive information behaviour[J]. Information Processing & Management, 2011, 47(3): 336-348.

[143] Malone T W. What makes things fun to learn? Heuristics for designing instructional computer games[C]//Proceedings of the 3rd ACM SIGSMALL symposium and the first SIGPC symposium on Small systems, 1980: 162-169.

[144] Malone T W. Heuristics for designing enjoyable user interfaces: Lessons from computer games[C]// Proceedings of the 1982 conference on Human factors in computing systems, 1982: 63-68.

[145] Manrique, V. Playing to happiness: Part 1[EB/OL]. (2013-02-18) [2020-09-14]. http://www.epicwinblog.net/2013/02/playing-to-happiness-part-1.html.

[146] Marczewski A. Gamification: a simple introduction[M]. Andrzej Marczewski, 2013.

[147] Marston J R. Towards an accessible city: Empirical measurement and modeling of access to urban opportunities for those with vision impairments, using remote infrared audible signage[J]. 2002.

[148] Maslow A H. A theory of human motivation[J]. Readings in managerial psychology, 1989, 20: 20-35.

[149] Mcdonagh D. Empathic Design: User Experience in Product Design: I. Koskinen, K. Battarbee And T. MattelmäKi (Eds)[J]. The Design Journal, 2004, 7(3): 53-54.

[150] McDonagh D, Thomas J. Rethinking design thinking: Empathy supporting innovation[J]. Australasian Medical Journal, 2010, 3(8): 458-464.

[151] McGonigal J. Reality is broken: Why games make us better and how they can change the world[M]. New York: Penguin, 2011.

[152] McKercher B, Darcy S. Re-conceptualizing barriers to travel by people with disabilities[J]. Tourism management perspectives, 2018, 26: 59-66.

[153] Mordor Intelligence. Gamification market size - segmented by deployment mode (Onpremises, cloud), size (Small and medium business, large enterprises), type of solution (Open platform, closed/enterprise platform), end-user vertical (Retail, banking, government, healthcare), and region - growth, trends, and forecast [EB/OL]. (2018-2023) [2020-09-14]. https://www.mordorintelligence.com/industry-reports/gamification-market.

[154] Stefan M. Service Design Practical access to an evolving field[J]. Mater dissertation, Köln International School of Design, Germany, 2005.

[155] Morschheuser B, Hamari J, Werder K, et al. How to gamify? A method for designing gamification[C]//Proceedings of the 50th Hawaii International Conference on System Sciences 2017. University of Hawai'i at Manoa, 2017.

[156] Neuhofer B, Buhalis D, Ladkin A. Conceptualising technology enhanced destination experiences[J]. Journal of Destination Marketing & Management, 2012, 1(1-2): 36-46.

[157] Newbery P, Farnham K. Experience design: A framework for integrating brand, experience, and value[M]. John Wiley & Sons, 2013.

[158] Ngo, J. (2015, February 07). Visually impaired find little public help as they struggle to cope. South China Morning Post[EB/OL]. [2020-09-14]. https://www.scmp.com/news/hong-kong/article/1706243/visually-impaired-find-little-public-help-they-struggle-cope.

[159] Norman D A. Emotional design: Why we love (or hate) everyday things[M]. Basic Civitas Books, 2004.

[160] Noy C. Sampling knowledge: The hermeneutics of snowball sampling in qualitative research[J]. International Journal of social research methodology, 2008, 11(4): 327-344.

[161] O'Donovan S, Gain J, Marais P. A case study in the gamification of a university-level games development course[C]//Proceedings of the South African Institute for Computer Scientists and Information Technologists Conference, 2013: 242-251.

[162] Oinas-Kukkonen H, Harjumaa M. Towards deeper understanding of persuasion in software and information systems[C]//First international conference on advances in computer-human interaction. IEEE, 2008: 200-205.

[163] Ortony A, Norman D A, Revelle W. Affect and Proto-Affect in Effective Functioning[J]. 2005.

[164] Over THERE[EB/OL]. [2020-09-14]. http://www.labs301.com/overthere.

[165] Packer T L, Packer T L, Mckercher B, et al. Understanding the complex interplay between tourism, disability and environmental contexts[J]. Disability and rehabilitation, 2007, 29(4): 281-292.

[166] Packer T, Small J, Darcy S. Tourist experiences of individuals with vision impairment[M]. CRC for Sustainable Tourism Pty Ltd, 2008.

[167] Pal J, Pradhan M, Shah M, et al. Assistive technology for vision-impairments: anagenda for the ICTD community[C]//Proceedings of the 20th international conference companion on World wide web, 2011: 513-522.

[168] Patel M S, Benjamin E J, Volpp K G, et al. Effect of a game-based intervention designed to enhance social incentives to increase physical activity among families: the BE FIT randomized clinical trial[J]. JAMA internal medicine, 2017, 177(11): 1586-1593.

[169] Pearce P L. Tourist behaviour: Themes and conceptual schemes[M]. Channel View Publications, 2005.

[170] Pelling, N. (2002). Conundra Ltd - Home Page[EB/OL]. [2020-09-14]. http://www.nanodome.com/conundra.co.uk.

[171] Pine B J, Gilmore J H. Welcome to the experience economy[J]. Harvard business review, 1998, 76: 97-105.

[172] Pine B J, Gilmore J H. The experience economy, updated version[J]. Harvard Business School Publishing, Massachusetts, 2011.

[173] Pink D H. Drive: The surprising truth about what motivates us[M]. Penguin, 2011.

[174] Pink S. Walking with video[J]. Visual studies, 2007, 22(3): 240-252.

[175] Pink S. Doing sensory ethnography[M]. Los Angeles: Sage, 2015.

[176] Postma C E, Zwartkruis-Pelgrim E, Daemen E, et al. Challenges of doing empathic design: Experiences from industry[J]. International journal of design, 2012, 6(1).

[177] Potter J, Wetherell M. Discourse and social psychology: Beyond attitudes and behaviour[M]. London: Sage, 1987.

[178] Preece J, Sharp H, Rogers Y. Interaction design: beyond human-computer interaction[M]. John Wiley & Sons, 2015.

[179] "Priority Assistive Products List (APL)." World Health organization[EB/OL]. [2020-09-14]. www.who.int/phi/implementation/assistive_technology/global_survey-apl/en.

[180] Pullman M E, Gross M A. Ability of experience design elements to elicit emotions and loyalty behaviors[J]. Decision sciences, 2004, 35(3): 551-578.

[181] Radoff J. Game on: Energize your business with social media games[M]. Indianapolis: John Wiley & Sons, 2011.

[182] Real-Time Deep Learning SDK on Embedded Devices[EB/OL]. [2020-09-14]. http://aipoly.com.

[183] Reiss S. Multifaceted nature of intrinsic motivation: The theory of 16 basic desires[J]. Review of general psychology, 2004, 8(3): 179-193.

[184] Richards V, Pritchard A, Morgan N. (Re) Envisioning tourism and visual impairment[J]. Annals of Tourism Research, 2010, 37(4): 1097-1116.

[185] Richards V, Morgan N, Pritchard A, et al. Tourism and visual impairment[J]. Tourism and inequality: Problems and prospects, 2010: 21-33.

[186] Rigby C S. Gamification and motivation[J]. The gameful world: Approaches, issues, applications, 2015: 113-138.

[187] Rigby S, Ryan R M. Glued to games: How video games draw us in and hold us spellbound: How video games draw us in and hold us spellbound[M]. AbC-CLIo, 2011.

[188] Roedl D J, Stolterman E. Design research at CHI and its applicability to design practice[C]// Proceedings of the SIGCHI Conference on Human Factors in Computing Systems, 2013: 1951-1954.

[189] Rogers Y. New theoretical approaches for HCI[J]. Annual review of information science and technology, 2004, 38(1): 87-143.

[190] Rowley J. Towards a methodology for the design of multimedia public access interfaces[J]. Journal of information science, 1998, 24(3): 155-166.

[191] Ryan R M, Deci E L. Self-determination theory and the facilitation of intrinsic motivation, social development, and well-being[J]. American psychologist, 2000, 55(1): 68.

[192] Ryan R M, Rigby C S, Przybylski A. The motivational pull of video games: A self-determination theory approach[J]. Motivation and emotion, 2006, 30(4): 344-360.

[193] Sailer M, Hense J U, Mayr S K, et al. How gamification motivates: An experimental study of the effects of specific game design elements on psychological need satisfaction[J]. Computers in Human Behavior, 2017, 69: 371-380.

[194] Salen K, Tekinbaş K S, Zimmerman E. Rules of play: Game design fundamentals[M]. MIT press, 2004.

[195] Sardegna J, Shelly S. The encyclopedia of blindness and vision impairment[M]. New York: Infobase Publishing, 2002.

[196] Saunders M, Lewis P, Thornhill A. Research methods for business students[M]. Pearson education, 2009.

[197] Schank R C. Tell me a story: Narrative and intelligence[M]. Northwestern University Press, 1995.

[198] Schell, J. (2014). An interview with Jessie Schell on Game design & Gamification [Video file] [EB/OL]. [2020-09-14]. https://iversity.org/my/courses/gamification-design/ lesson_units/10831.

[199] Schell J. The Art of Game Design: A Book of Lenses[M]. CRC Press, 2014.

[200] Scherer M J. Living in the state of stuck: How assistive technology impacts the lives of people with disabilities[M]. Brookline Books, 2005.

[201] Seaborn K, Fels D I. Gamification in theory and action: A survey[J]. International Journal of human-computer studies, 2015, 74: 14-31.

[202] Seligman M E P. Flourish: A visionary new understanding of happiness and well-being[M]. Simon and Schuster, 2012.

[203] Seligman M E P, Csikszentmihalyi M. Positive psychology: An introduction[M]//Flow and the foundations of positive psychology. Springer, Dordrecht, 2014: 279-298.

[204] Six to Start & Naomi Alderman. (2012, February 27). Zombies, Run! [EB/OL]. [2020-09-14]. https://itunes.apple.com/cn/app/zombies-run/id503519713?mt=8.

[205] Slomski A. Gamification shows promise in motivating physical activity[J]. Jama, 2017, 318(24): 2419.

[206] Small J. Interconnecting mobilities on tour: Tourists with vision impairment partnered with sighted tourists[J]. Tourism Geographies, 2015, 17(1): 76-90.

[207] Small J, Darcy S, Packer T. The embodied tourist experiences of people with vision impairment: Management implications beyond the visual gaze[J]. Tourism Management, 2012, 33(4): 941-950.

[208] Social Analysis and Research Section (2) Census and Statistics Department (2014). Special Topics Report No.62 Persons with disabilities and chronic diseases. [online] Hong Kong. [EB/OL]. [2020-09-14]. https://www.statistics.gov.hk/pub/B11301622014XXXXB0100.pdf.

[209] Spradley J P. The ethnographic interview[M]. Waveland Press, 2016.

[210] Stickdorn M, Schneider J, Andrews K, et al. This is service design thinking: Basics, tools, cases[M]. Hoboken, NJ: Wiley, 2011.

[211] Stockholm Sounds App[EB/OL]. [2020-09-14]. https://www.slowtravelstockholm.com/resources-practicalities/stockholm-soundrome.

[212] Stolterman E. The nature of design practice and implications for interaction design research[J]. International Journal of Design, 2008, 2(1).

[213] Corbin J, Strauss A. Basics of qualitative research: Techniques and procedures for developing grounded theory[M]. Thousand Oaks, CA: Sage publications, 2014.

[214] Strayboots. Team Building Activities and Scavenger Hunts[EB/OL]. [2020-09-14].https://www.strayboots.com.

[215] Sutton D E. Remembrance of repasts: An anthropology of food and memory[M]. Berg Publishers, 2001.

[216] Swain J, French S, Cameron C. Controversial issues in a disabling society[M]. McGraw-Hill Education (UK), 2003.

[217] The Social Innovation and Entrepreneurship Development Fund. (n.d.). Social Innovation in Action[EB/OL]. [2020-09-14]. https://www.sie.gov.hk/en.

[218] Thomas C. Female forms: Experiencing and understanding disability[M]. McGraw-Hill Education (UK), 1999.

[219] Thomas D R. A general inductive approach for analyzing qualitative evaluation data[J]. American journal of evaluation, 2006, 27(2): 237-246.

[220] Thomas J, McDonagh D. Empathic design: Research strategies[J]. The Australasian medical journal, 2013, 6(1): 1.

[221] Toffler A. Future shock[M]. Bantam, 1970.

[222] Tourism for all[EB/OL]. [2020-09-14]. https://www.tourismforall.org.uk/about-us.

[223] Tung V W S, Ritchie J R B. Exploring the essence of memorable tourism experiences[J]. Annals of tourism research, 2011, 38(4): 1367-1386.

[224] Union, H. K. Searching & Exploring with Speech Augmented Map Information (SESAMI) [EB/OL]. (2013-10-02)[2020-09-14]. https://itunes.apple.com/jm/app/ 芝麻開路 /id713815092.

[225] Union, H. K. Tap my dish[EB/OL]. (2017-01-13)[2020-09-14] https://itunes.apple.com/jm/app/點菜易 /id1184274363.

[226] United Nations Development Programme.Human Development Reports[EB/OL]. [2020-09-14]. http://www.hdr.undp.org/en/2019-report.

[227] Naties V. Convention on the rights of persons with disabilities[J]. New York: United Nations, 2007.

[228] United Nations. United Nations Declaration on Equalization of Opportunities. United Nations General Assembly [EB/OL]. (1994-03-04)[2020-09-14]. https://www.un.org/development/desa/disabilities/resources/general-assembly/standard-rules-on-the-equalization-of-opportunities-for-persons-with-disabilities-ares4896.html.

[229] Oliver M. Fundamental Principles of Disability[M]//Understanding Disability. Palgrave, London, 1996: 19-29.

[230] Van den Broeck A, Vansteenkiste M, De Witte H, et al. Capturing autonomy, competence, and relatedness at work: Construction and initial validation of the Work-related Basic Need Satisfaction scale[J]. Journal of occupational and organizational psychology, 2010, 83(4): 981-1002.

[231] Vision Accessibility - iPhone[EB/OL]. [2020-09-14]. https://www.apple.com/accessibility/iphone/vision.

[232] Visually impaired find little public help as they struggle to cope [EB/OL]. (2015-02-07)[2020-09-14]. https://www.scmp.com/news/hong-kong/article/1706243/visually-impaired-find-little-public-help-they-struggle-cope.

[233] VoiceMapHK Mobile App[EB/OL]. [2020-09-14]. http://www.landsd.gov.hk/mapping/en/VoiceMapHK/index.htm.

[234] W3c_wai. (n.d.). Home[EB/OL]. [2020-09-14]. https://www.w3.org/WAI.

[235] Weber J. Gaming and gamification in Tourism: 10 ways to make tourism more playful[J]. Digital Tourism Think Tank, 2014: 1-14.

[236] Wei M, Shaffer P A, Young S K, et al. Adult attachment, shame, depression, and loneliness: The mediation role of basic psychological needs satisfaction[J]. Journal of counseling psychology, 2005, 52(4): 591.

[237] Welcome to Eclipse SoundScapes | Eclipse Soundscapes[EB/OL]. [2020-09-14]. http://eclipsesoundscapes.org.

[238] Werbach K, Hunter D. For the win: How game thinking can revolutionize your business[M]. Wharton Digital Press, 2012.

[239] White R W. Motivation reconsidered: The concept of competence[J]. Psychological review, 1959, 66(5): 297.

[240] Williams A. Tourism and hospitality marketing: fantasy, feeling and fun[J]. International Journal of Contemporary Hospitality Management, 2006.

[241] Smith J A. Qualitative psychology: A practical guide to research methods[M]. London: Sage Publications, Inc, 2003.

[242] World Blind Union[EB/OL]. [2020-09-14]. http://www.worldblindunion.org/English/resources/Pages/Global-Blindness-Facts.aspx.

[243] World Health Organization. Assistive technology[EB/OL].(2018-05-18) [2020-09-14]. https://www.who.int/news-room/fact-sheets/detail/assistive-technology.

[244] World Health Organization. Vision impairment and blindness[EB/OL]. (2018-10-11) [2020-09-14]. https://www.who.int/news-room/fact-sheets/detail/blindness-and-visual-impairment.

[245] World Health Organization. (2018). International Statistical classification of diseases and related health Problems(11th Revision)[EB/OL]. [2020-09-14]. https://icd.who.int/browse11/l-m/en.

[246] World Health Organization. International classification of impairments, disabilities, and handicaps: a manual of classification relating to the consequences of disease, published in accordance with resolution WHA29. 35 of the Twenty-ninth World Health Assembly, May 1976[M]. World Health Organization, 1980.

[247] The World Travel Market Global trend reports 2011[J]. London: Sage Publications, Inc, 2011.

[248] Xi N, Hamari J. Does gamification satisfy needs? A study on the relationship between gamification features and intrinsic need satisfaction[J]. International Journal of Information Management, 2019, 46: 210-221.

[249] Xu F, Tian F, Buhalis D, et al. Tourists as mobile gamers: Gamification for tourism marketing[J]. Journal of Travel & Tourism Marketing, 2016, 33(8): 1124-1142.

[250] Xu F, Weber J, Buhalis D. Gamification in tourism[M]//Information and communication technologies in tourism 2014. Springer, Cham, 2013: 525-537.

[251] Yau M K, McKercher B, Packer T L. Traveling with a disability: More than an access issue[J]. Annals of tourism research, 2004, 31(4): 946-960.

[252] Yovcheva Z, Buhalis D, Gatzidis C, et al. Empirical evaluation of smartphone augmented reality browsers in an urban tourism destination context[J]. International Journal of Mobile Human Computer Interaction (IJMHCI), 2014, 6(2): 10-31.

[253] Zichermann G, Cunningham C. Gamification by design: Implementing game mechanics in web and mobile apps[M]. Sebastopol, Calif.: O'Reilly Media, Inc.", 2011.

[254] Zichermann G, Linder J. Game-based marketing: inspire customer loyalty through rewards, challenges, and contests[M]. Hoboken, NJ: John Wiley & Sons, 2010.

[255] Zimmerman J, Forlizzi J, Evenson S. Research through design as a method for interaction design research in HCI[C]//Proceedings of the SIGCHI conference on Human factors in computing systems, 2007: 493-502.

[256] Disabled people in Britain 20/20 Vision. 20/10 Vision. 20/40 Vision. What do all these numbers ACTUALLY mean?[EB/OL]. [2020-09-14]. https://commonwealtheyes.com/2020-vision-2010-vision-2040-vision-what-do-all-these-numbers-actually-mean.